데이터 모델링 실전으로 도약하기

데이터 모델링
실전으로 도약하기

데이터 전문가가 되는 방법

박종원 지음

세나북스

추천의 말

『로지컬 씽킹의 기술』에는 이런 내용이 나옵니다.

"주변에 논리적이고 일 잘하는 사람이 있다면 유심히 관찰하고 연구해 볼 필요가 있다."

대부분의 프로젝트에서 나타나는 문제는 정답이 없습니다. 최적의 답을 스스로 찾아내야 하는 경우가 대부분입니다. 드물지만 아무리 어려운 문제도 척척 해결하는 뛰어난 능력을 지닌 사람들이 있습니다. 우린 주변에 일 잘하는 이런 사람이 있으면 그냥 감탄만 하고 그걸로 끝입니다. 하지만 '대단하네!'로 끝나는 사람과 '왜?'를 반복하는 사람 간에는 시간이 지날수록 커다란 차이가 생깁니다.

엔코아 컨설팅에서 8년 동안 일하며 얻은 가장 소중한 경험은 단순히 업무 지식을 얻었다는 것에 그치지 않습니다. 데이터 아키텍처 컨설턴트로 일하면서 여러 프로젝트를 경험하며 일 잘하는 사람들을 많이 만날 수 있었고, 그분들의 노하우를 조금이라도 배울 수 있었습니다. 같은 사무실에서 매일 같은 일을 하면서 똑같은 사람을 반복해서 만나는 것보다 프로젝트에 따라 다양한 일을 하면서 새로운 사람, 뛰어난 사람들과 같이 일하면 경력에 훨씬 더 도움이 됩니다. 기술은 철저하게 모방 학습을 통해 체득된다는 말이 있습니다. 여기서 말하는 기술은 지식과 경험의 복합체를 의미하지 않을까요?

솔직히 이전에 다른 회사에 다닐 때는 '저 선배 진짜 일 잘한다!'라고 하는 경험이 별로 없었습니다. 하지만 엔코아 컨설팅에서는 그런 선배님들이 많았습니다. 그중 한 분이 이 책의 저자인 박종원 이사님입니다. 이사님과 데이터 모델링 프로젝트에 같이 투입될 기회 한 번 있었는데 하필 그때 집안 사정으로 제가 휴직하는 바람에 그 좋은 기회를 놓치고 말았습니다. 지금 생각해도 아쉬운 마음뿐입니다.

엔코아 컨설팅을 그만두고 출판을 시작한 지 9년째입니다. 출판을 하며 좋은 점이 있다면 '누군가에게 필요한, 도움이 되는 책'을 만들 수 있다는 것입니다. 17년간 경험했던 IT 업무 관련 책도 내고 싶었지만 기회가 쉽게 생기지 않았습니다. 그러다가 우연히 박종원 이사님과 연락이 닿았고, 이런 기회를 놓칠 수 없다는 생각에 이사님의 30년 IT 경력을 바탕으로 책을 쓰시면 어떻겠냐고 제안했습니다. 그리고 3개월쯤 지났을 때 데이터 모델링 책을 쓰셨다는 연락을 받았습니다. 그렇게 세상에 나온 책이 박종원 이사님의 첫 책이자 전작인 『데이터 모델링 실전처럼 시작하기』입니다. 예상대로 많은 분들이 읽어주셔서 감사한 마음입니다.

데이터 모델링은 단순한 스킬이 아닙니다. 효율적인 시스템 구축을 위한 데이터 모델링의 중요성은 말할 필요조차 없습니다. 데이터 모델링은 건축과 비교하면 건물의 골조, 뼈대를 세우는 일과 같습니다. 데이터 모델링은 어렵지만 뛰어난 데이터 모델링 실력은 상당한 희소가치가 있습니다. 단순히 지식을 외운다고 잘할 수 있는 일이 아니기 때문입니다. 논리력, 사고력, 판단력이 필요합니다. 그리고 정답이 없습니다. 아무리 이론적으로 이상적이고 좋은 데이터 모델도 고객이 원하는 방향이 아니거나 시스템에 적합하지 않다면 아무 소용이 없습니다. 따라서 모델링을 잘하려면 커뮤니케이션 능력도 필요합니다.

IT 업계에서 수많은 프로젝트를 경험하며 느낀 것은 업무 파악 능력, 설계 능력만 출중해도 '먹고 살 걱정은 없다'라는 사실입니다. 뛰어난 설계 능력에 모델링에 관한 지식과 실력까지 있다면 몸값이 올라가는 건 시간 문제입니다. 하지만 일하면서 "와, 설계 잘한다!"라는 소리 듣는 사람들은 손에 꼽습니다. 왜 설계는 어려울까요? 왜 데이터 모델링은 어렵고 사람들은 데이터 전문가 되기가 쉽지 않다고 말할까요? 심지어 데이터 관련 전문 업체에 다니면서도 본인이 어떤 능력을 쌓아야 하는지 포인트를 못 잡고 헤매는 사람도 많습니다.

그 이유는 '생각하는 힘'을 기르지 않기 때문입니다. 항상 직관적이고 눈에 쉽게 보이는 것만을 중요시하고 새로운 발상도 하지 않습니다. 끈질기게 어떤 사실을 알아내고 그 이면을 들추어 보려는 노력도 하지 않습니다. 의문도 가지지 않고 의심도 하지 않고 질문도 하지 않습니다.

실제 데이터 모델링 업무에 가장 필요한 능력은 책을 보거나 지식을 외운다고 생기지 않습니다.

"사실 시중에는 수많은 모델링 관련 서적과 강좌들이 범람하고 있다. 그러나 이들의 대부분은 단지 ERD를 작도하는 방법을 가르치고 있는 것에 지나지 않는다고 감히 말할 수 있다. 다시 말해서 모델링의 절차나 결정된 사실을 그림으로 표현해 내는 방법을 교육시킬 뿐이지, 인간의 유일한 영역이라고 할 수 있는 복잡한 사고의 세계에 파고들어 '생각하는 방법', '판단하는 방법'을 제시하려고는 감히 생각하지 못하고 있다는 것이다. 모델링이라는 것은 인간의 사고를 통한 판단력으로 해나가는 것이다. 그렇다면 판단하는 근거와 사고의 원리를 배우는 것이 무엇보다 중요하며, 그림을 그리는 방법만 익혀서는 아무것도 제대로 할 수가 없다."

- 이화식, 『데이터 아키텍처 솔루션 1』

사람들은 DA 전문가, 데이터 모델러나 데이터 전문가가 되기 어렵다는 말은 되풀이하면서도 왜 그런지 곰곰이 생각하는 데는 인색합니다. 부끄럽지만 저도 8년이나 데이터 아키텍처 전문회사에 다니며 데이터 모델링 업무를 수행했지만 누가 이런 질문을 하면 이렇다 할 대답을 내놓지 못했습니다. 하지만 이미 답은 엔코아컨설팅 이화식 대표의 저서 『데이터 아키텍처 솔루션 1』에 위와 같이 잘 나와 있습니다.

제가 박종원 이사님에게 책 쓰기를 부탁한 이유도 같은 맥락입니다. 데이터 모델링을 다수 수행하고 업무적으로 인정받는 전문가가 자신의 실전적 경험을 잘 녹여낸 책을 쓴다면 많은 사람에게 좋은 참고와 길잡이 역할을 해줄 것으로 생각했습니다. 기존에 나온 데이터 모델링 책도 좋은 것이 많지만 『데이터 모델링 실전처럼 시작하기』와 『데이터 모델링 실전으로 도약하기』는 다른 책들과는 확연히 다릅니다. 실제 예제 업무를 보면서 모델러의 고민을 따라 하고, 실전과 거의 다름없는 모델링 과정을 책을 통해 간접 체험해 볼 수 있습니다.

책을 만들면서 원고를 보고 예전에 제가 일했던 경험이 떠올랐습니다. 사실 회사를 다니며 실전 업무에 대해 누구에게 배워서 프로젝트를 하기보다는 다들 일하면서 배우게 됩니다. 박종원 이사님과 같이 프로젝트를 같이 수행한 경험이 있다면 이 책의 내용을 미리 알고 일을 더 잘할 수 있었겠다고 생각했습니다. 실제 회사 후배들의 큰 고민 중 하나가 일을 많이 배울 수 있는 프로젝트에 일 잘하는 선배와 함께 투입되는 기회가 적다는 것이었습니다. 안타깝지만 실제로 이런 일은 많이 생깁니다.

"방법론에 지나치게 구애되면 오히려 논리적인 사고력을 몸에 익히기가 어려워진다. 왜냐하면 이들은 논리 사고력을 행하기 위한 도구에 지나지 않고 도구의 사용 방법에 아무리 정통해도 진짜 사고력은 몸에 붙지 않기 때문이다. (…) 사고력을 단련할 때 무엇보다 중요한 점은 실제로 자신의 머리로 생각해야 한다는 점이다. 손을 움직이면서 머리를 충분히 회전시켜 시행착오를 반복해 갈 때 비로소 생각하게 된다. 이 과정이야말로 사고력을 강화하기 위한 최적의 방법이다."

- 히사쓰네 게이이치, 『피터 드러커처럼 생각하라』

위의 말처럼 방법론은 중요하지 않습니다. 이 책은 방법론에 관한 책이 아니며 단순히 '모델링하는 방법'을 알려주거나 '이렇게 하면 되더라' 식의 정보를 제공하는 수준에서 끝나지 않습니다. 데이터 모델링에서 가장 중요한 능력은 '사고를 통한 판단력'입니다. 그리고 직접 해봐야 합니다. 『데이터 모델링 실전처럼 시작하기』와 이 책 『데이터 모델링 실전으로 도약하기』는 실전 데이터 모델링을 실제로 따라 해보면서 모델링에 필요한 사고력을 기르는 방법을 알려줍니다. "남이 방법을 알더라도 쉽게 흉내를 낼 수 없는 사고적인 것을 할 수 있어야 한다"라는 말은 너무나도 중요합니다. 데이터 아키텍처 컨설팅이나 데이터 모델링이 어려운 이유는 바로 '방법을 알아도 실천하기 어려운 일'이기 때문입니다.

이런 점 때문에 데이터 모델링을 하는 컨설턴트들은 이렇게 말합니다. "모델링 능력은 그 한계가 없다"라고 말입니다. 이 부분에 대해서도 역시 이화식의 『데이터 아키텍처 솔루션 1』에 자세히 나옵니다.

"데이터 모델링은 방법을 알고 있다고 해서 쉽게 적용할 수 있는 것이 아니다. 어쩌면 방법 이전에 지금까지 자신이 인생을 살면서 직, 간접적으로 터득해 왔던 많은 경험과 사고능력, 판단력, 적극성 등이 더 필요할지도 모른다. 이런 의미에서 필자는 모델링을 단순한 '방법의 습득 차원'이 아닌 '사고능력의 개발 차원'에서 접근해야 한다고 믿는 사람이다."

데이터 모델링 컨설턴트는 프로젝트에 나가면 분석하고자 하는 업무와 관련해서 현업 담당자들이 아는 지식, 각종 문서 등 기존에 존재하는 모든 자료와 정보를 열심히 공부해야 합니다. 몇 주 업무 분석을 열심히 하다 보면 수년을 그 업무만 했던 담당자만큼 업무에 해박해지기도 합니다.

이렇게 해당 업무 파악하기는 시작에 불과합니다. 기존 데이터 모델의 문제점을 찾아서 업무에 최적화된 최상의 모델을 제시해야 합니다. 단순한 기계적인 작업이 아니라 분석력, 종합력, 판단력, 논리력, 그리고 그간의 다양한 업무 경험이 어우러져야만 만족할 만한 결과를 낼 수 있습니다. 이 책에는 컨설턴트가 프로젝트에 투입되어 실제 모델링 하는 모든 과정이 예제와 함께 상세하게 나와 있습니다. 업무 진행 과정을 책으로 보면서 나라면 이렇게 모델링할 것 같다, 이런 생각과 고민을 하면 모델링 능력이 길러집니다. 이러한 능력은 문서로 만들 수도 없고 기계가 대신할 수도 없습니다. 그렇기에 데이터 모델링은 앞으로도 유망한 직종입니다.

유홍준 교수가 말했듯 '인생도처유상수', 인생 곳곳에는 고수들이 포진해 있습니다. 모든 후배들의 희망 사항은 회사에서 잘나가는 선배와 함께 일하며 하나라도 더 배우는 것이 아니겠습니까? 저도 대부분의 경우 후배들을 가르치는 입장이었지만 아주 가끔 선배와 일하는 영광을 누렸습니다. 훌륭한 실력을 갖춘 회사 선배님들을 만날 수 있었고 그럴 때마다 그 선배가 어떻게 일 잘한다는 평을 듣게 되었는지 열심히 관찰했습니다.

지금 생각해 보면 무척 운이 좋았습니다. 그런데 계속 데이터 모델링 관련 일을 하지 않고 출판을 하게 되었습니다. 출판을 하면서도 항상 회사 선배들을 떠올리며 '그분들이 가진 노하우를 책으로 만들면 좋을 텐데…'라는 생각을 수없이 했습니다.

많은 사람들이 데이터 모델링에 관심이 있고 잘하고 싶어 합니다. 데이터 모델링을 배우기 위해 데이터 전문회사에 들어가야 할까요? 그러기도 힘들거니와 심지어 데이터를 전문적으로 다루는 회사에 들어가도 모델링 일을 바로 할 수 있거나 금방 배울 수도 없습니다. 현실이 그렇습니다. 그리고 실력만 있다면 지금 일하고 있는 자리에서 데이터 모델링 지식을 충분히 사용할 수 있습니다. 실력만 있다면 말입니다.

데이터 모델링 회사에 들어가지 않아도, 당장 나를 가르쳐 줄 선배가 없어도 방법은 있습니다. 데이터 모델링 고수에게 직접 배우는 것처럼 좋은 책이 있다면 가능합니다. 그래서 데이터 모델링 고수와 전작인 『데이터 모델링 실전처럼 시작하기』와 이 책 『데이터 모델링 실전으로 도약하기』를 만들게 되었습니다. 좋은 원고와 출판 기회를 주신 저자 박종원 이사님께 진심으로 감사드립니다.

생각하는 힘을 가진 사람은 문제해결 능력과 종합적인 사고력을 갖춘 훌륭한 인재입니다. 이런 사람은 무슨 일을 해도, 어떤 자리에서건 빛날 것입니다. 많은 분들께 이 책이 데이터 모델링을 쉽게 알게 해주고 생각하는 힘을 길러주는 좋은 발판이 되기를 바랍니다. 데이터 모델링을 공부하고자 하는 분들께 도움이 되고 지금 있는 자리에서 도약할 수 있는 좋은 기회를 줄 수 있는, 오랫동안 사랑받는 책이 되기를 진심으로 기원합니다.

2024년 1월

최수진

들어가는 글

우연한 기회에 전 직장 동료이자 이 책의 출판사 대표의 권유로 1편『데이터 모델링 실전처럼 시작하기』를 집필하고 출간한 지도 2년이 넘어갑니다.

1편은 시스템이 존재하지 않는 경우 업무 요건을 파악하여 데이터 모델을 완성해 가는 과정을 기술하고 더불어 데이터 모델러가 무엇을 생각하고 고민하고 결정해야 하는 지를 기술하였습니다.

특히, 업무 요건을 파악하여 엔터티의 집합을 정의하고 식별자를 선정하며 엔터티 간의 관계를 설정하는 방법, 그리고 도출된 속성을 식별자에 종속되도록 적절한 엔터티에 배치하는 과정을 진행하여 데이터 모델을 완성하였습니다. 그러나, 현재는 업무시스템이 구축되어 있지 않아 수작업으로 업무를 수행하는 기관이나 기업은 거의 없는 세상이 되었습니다. 즉, 거의 모든 기관이나 기업에 업무시스템이 존재하고 DB(데이터베이스, Database)가 존재합니다.

그래서 이 책에서는 AS-IS 시스템이 존재하는 경우에 대해 데이터 모델링하는 과정을 다루었습니다. 즉, 현행(AS-IS) 데이터 모델을 분석하고 목표(TO-BE) 데이터 모델을 작성하는 상세한 과정을 담고 있습니다.

다른 이가 작성하여 생성한 DB 오브젝트나 데이터 모델을 분석하여 무엇이 문제인지 파악하고 어떻게 개선해야 하는지 방안을 도출하며 목표 데이터 모델을 작성해 가는 과정을 기술합니다. 목표 데이터 모델은 통합적이고 데이터 중복이 배제되며 데이터 유연성 및 일관성이 유지되도록 작성합니다.

본문은 총 3개의 장으로 구성되어 있습니다. 1장은 데이터 모델링의 개요, 2장은 현행 데이터 모델링 및 목표 데이터 모델링의 과정을 구체적인 사례를 들어 설명하고 3장은 데이터 모델러의 스킬을 비약적으로 도약시키기 위한, 특정 업무에 대해 실제로 프로젝트를 하는 것처럼 상호 연관되고 전체 내용을 담고 있는 산출물 및 작업 문서를 기술하여 모든 과정을 이해하는 데 도움을 주고자 하였습니다.

데이터 모델링의 스킬을 향상하고자 하는 데이터 모델러부터 데이터 모델을 잘 설계하고 싶은 애플리케이션 개발자까지, 데이터 모델링의 실력을 높이고 싶은 모든 분께 도움이 되는 책이 되었으면 합니다.

2024년 1월
박종원

목차

3 장
데이터 모델링 실전으로 도약하기

1장

데이터 모델링 개요

1. 데이터 모델링이란?

데이터 모델링이란 복잡한 현실 세계에 존재하는 다양한 업무를 컴퓨터에 저장하기 위한 구조를 설계하는 과정이다. 현실의 업무 처리 과정에서 발생하는 데이터 또는 정보처리 요구사항을 체계적으로 관리하기 위한 기법을 데이터 모델링이라 한다.

요즘 대다수 기업·기관은 어떤 형태로든 정보시스템이 존재하고 정보시스템에서 데이터를 저장·관리하기 위한 데이터베이스가 존재한다. 정보시스템이 전혀 없는 상태에서 업무 처리 과정에서 발생하는 데이터 또는 정보처리 요구사항을 관리하기 위한 데이터 모델링을 하는 경우는 거의 없다고 보는 것이 맞다.

따라서, 데이터 모델링은 크게 나누면 두 가지 형태로 이루어진다.

첫째, 현행 데이터 모델이 없이 신규 업무에 대해서 관련 서식, 양식 또는 화면설계서를 기초로 데이터 모델링을 하는 경우가 있고 둘째, 현행 데이터 모델이 존재하고 현행 데이터 모델의 문제점을 파악하여 개선 방안을 수립하여 목표 데이터 모델링을 하는 경우이다.

현행 데이터베이스는 존재하나 해당 데이터베이스 및 데이터 모델을 관리하는 형태는 기업·기관에 따라 천차만별이다. 예를 들어 업무 요건이 변경되어 데이터베이스의 특정 테이블을 변경해야 하는 경우 다음과 같은 대응 형태가 존재한다.

① 데이터 관리 체계에 따라 데이터 모델을 먼저 변경하고 변경의 근거, 사유 및 내용을 충실히 기술하여 관리하며 관리자의 검토·승인 후 테이블을 변경한다.

② 근거에 대한 기록 없이 시스템에서 테이블을 직접 변경한다. 그래서 데이터 모델과 테이블은 그 내용이 일치하지 않는다. 데이터 모델을 언제, 누가, 어떤 사유로 변경하였는지 전혀 알 수 없다.

지금은 데이터 관리 체계에 대한 인식이 높아져서 정상적으로 ①과 같은 방법으로 데이터 모델을 관리하는 경우도 있지만, 여전히 많은 기업·기관에서는 ②와 같이 데이터 모델을 제대로 관리하지 않고 있다. 심지어는 테이블 및 컬럼의 한글명조차 없는 경우도 존재한다. 거의 암호 해독 수준이다.

①과 같이 데이터 관리체계에 의해 데이터 모델과 데이터베이스를 관리해야 한다. ②와 같은 상태에 있는 기업·기관이 ①과 같은 체계를 갖추기 위해서는 선행해서 DB 오브젝트(테이블 등)와 동일한 데이터 모델을 생성해야 한다. 즉, 현행 데이터 모델을 생성해야 한다. 현행 데이터 모델을 생성하는 작업은 생각보다 쉽지 않으며 경우에 따라서 자산화 프로젝트라는 이름으로 외부 인력을 투입해서 생성하는 경우도 있고 차세대 프로젝트 수행 시 선행해서 현행 데이터 모델링을 하는 경우도 있다.

어쨌든, 현행 데이터 모델이 존재해야 ①과 같은 방법으로 데이터 모델을 관리할 수 있고 시스템을 개편할 때 문제점을 파악하고 개선 방안을 수립하여 개선된 목표 데이터 모델을 생성할 수 있다.

2. 데이터 모델링 진행 방법

데이터 모델의 유형은 개념 데이터 모델, 논리 데이터 모델 및 물리 데이터 모델로 구분한다. 개념 데이터 모델, 논리 데이터 모델 및 물리 데이터 모델은 데이터 아키텍처 프레임워크에서 계층이라고도 부른다. 데이터 모델의 유형 또는 데이터 아키텍처 프레임워크의 계층에서 현재 운영되고 있는 시스템을 현행(AS-IS), 향후 개선하여 작성할 시스템을 목표(TO-BE)라는 접두사(prefix)를 붙여 표현한다. 즉, 현행 개념/논리/물리 데이터 모델, 목표 개념/논리/물리 데이터 모델로 명명한다. 현행 시스템이 존재하는 경우 데이터 모델링 진행 흐름도는 다음과 같다.

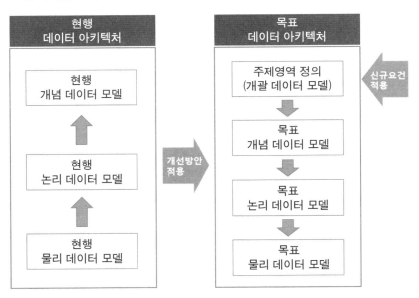

[그림1-1]

데이터 모델링 접근 방식에서 현행 물리 데이터 모델부터 개념 데이터 모델로 진행하므로 상향식(Bottom-up) 모델링이라고도 한다. 데이터 모델링 진행 주요 타스크 및 수행 내역은 다음과 같다.

주요 Task	수행 내역
1 리버스 모델링	• 현행 DB에서 오브젝트(테이블 등) 정보를 추출 • 모델링 툴의 기능을 활용하여 리버스 모델 생성 • 역공학(Reverse Engineering)이라고도 함 • 현행 ERD가 제대로 관리된다면 불필요한 Task
2 현행 논리 데이터 모델링	• 리버스 모델 또는 현행 데이터 모델을 기준으로 논리화하는 과정 • 엔터티의 명확화 및 엔터티 간의 관계 설정 • 속성 유형 파악
3 현행 개념 데이터 모델링	• 현행 논리 데이터 모델을 기준으로 핵심 엔터티를 도출하고 관계 설정 • 엔터티의 속성을 제거하여 단순화함
4 문제점 파악 / 개선방안 수립	• 현행 개념·논리 데이터 모델을 기준으로 데이터 모델의 문제점 파악 • 개선방안 수립
5 주제영역 정의 (개괄 데이터 모델)	• 데이터 기준으로 상위 수준에서 데이터를 분류하여 정의 • 데이터 집합의 친밀도가 높고 동질성이 있는 데이터로 주제영역 정의 • 관련성이 높은 주제영역 간 관계 설정
6 목표 개념 데이터 모델링	• 현행 데이터 모델의 개선방안을 반영하여 목표 개념 데이터 모델 작성 • 데이터 모델의 골격에 해당
7 목표 논리 데이터 모델링	• 목표 개념 데이터 모델을 기초로 현행 데이터 모델의 개선방안을 반영하여 목표 논리 데이터 모델 작성 • 엔터티 명확화, 집합 통합, 적절한 엔터티 관계 설정 및 속성 검증 수행
8 목표 물리 데이터 모델링	• 목표 논리 데이터 모델을 물리 데이터 모델로 변환 • 서브타입에 따른 테이블 타입 확정 • 데이터 표준에 따른 컬럼 타입 및 컬럼 길이 확정 • 대용량 엔터티의 파티션 방안 결정

[그림1-2]

3. 데이터 모델링 진행 절차

데이터 모델링 상세 진행 절차는 다음 페이지와 같다. 앞 절에서 데이터 모델링의 주요 타스크(Task)에 관해 설명했는데 본 절에서는 전체 액티비티, 타스크 및 타스크 간 연관 관계를 도식화하여 표시한다.

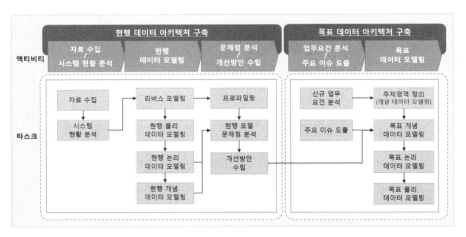

[그림1-3]

4. 데이터 모델러가 알아야 할 것

데이터 모델러가 데이터 모델링을 진행하는 데 기본적으로 알아야 할 몇 가지 사항은 다음과 같다.

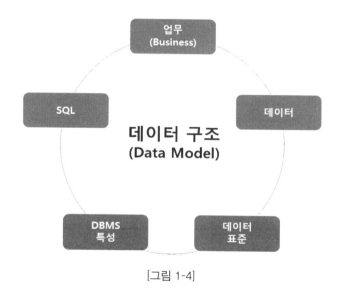

[그림 1-4]

첫째, 업무(Business)를 알아야 한다.

데이터 모델링은 해당 기업 · 기관의 업무 요건을 파악하여 업무를 효율적으로 처리하기 위한 데이터 구조를 설계하는 과정이고 데이터 모델은 그 결과물이다. 작업을 위해서는 업무에 능통한 현업 사용자의 지원을 받아 모델링을 진행하여 업무 요건이 누락됨이 없이 데이터 모델을 완성해야 한다.

그러나 컨설턴트로 프로젝트에 투입되어 일을 진행하다 보면 현업 사용자들이 친절하게 업무를 설명해 주지 않는 일도 있고 일부 현업 사용자들은 컨설턴트가 당연히 업무를 알 것이라고 생각하기도 한다. 어떤 경우에는 고객측에서 RFP(제안요청서)상에 명시적으로 해당 기업·기관에서 근무한 이력이나 최소한 같은 업종에서 일정 기간 근무한 이력을 가진 인력을 투입할 것을 요구한다. 그래서, 일부 업종은 컨설턴트로 일할 기회를 얻기 힘든 경우도 있다.

어쨌든 프로젝트에 투입되면 데이터 모델러는 해당 업무 파악을 위해서 노력해야 한다. 요즘은 인터넷상에 많은 자료가 존재하기 때문에 업무를 이해하는데 크게 어렵지 않을 것이다. 또한, 투입 후 해당 기업·기관의 내부 자료를 수집하여 업무의 이해도를 높이는 작업을 프로젝트 초반에 진행해야 한다.

한편, 업무 담당자는 업무 프로세스 기반하에 본인의 업무만을 이해하는 경우가 많은데 데이터 모델러는 단위 업무뿐만 아니라 업무 간의 연관성을 파악하여 데이터의 추적이 용이하게 데이터를 연결 짓는 능력을 갖춰야 한다. 그래서 분석 단계가 끝나고 설계 단계에서는 업무적으로 고객 쪽 업무 담당자와 동등하게 대화하고 데이터 모델링 관점에서는 설명할 수 있는 위치에 있어야 한다.

둘째, 데이터를 알아야 한다.

해당 기업·기관의 업무 요건을 파악하여 설계한 데이터 모델에 대해 데이터 발생 규칙과 데이터가 어떻게 저장되는지를 알아야 한다.

이를 위해서는 작성된 데이터 모델에 적용하여 인스턴스 차트(instance

chart)라고 하는 샘플 데이터를 만들어 데이터를 발생시켜 보고 작성한 데이터 모델이 적절한지 확인한다. 즉, 업무의 흐름에 따라 발생하는 데이터를 생성시키고 이를 데이터 모델에 적용해 보는 것이다.

셋째, 데이터 표준을 알아야 한다.
해당 기업·기관에서 정의한 데이터 표준을 인지하고 그 표준에 따라 데이터 모델에 적용하는 작업을 해야 한다. 단어·용어, 도메인 및 코드 표준에 따라 속성명, 속성의 도메인을 준수하고 코드 속성의 경우 코드 표준을 준수해야 하며 엔터티, 속성 및 테이블, 컬럼의 명명규칙도 준수해야 한다. 데이터 표준을 준수함으로써 시스템에 적용된 데이터 요소에 대해 관련자가 동일하게 인지하고 활용할 수 있도록 하기 위함이다. 간혹 정의된 데이터 표준에 문제가 있다고 생각하더라도 악법도 법인 것처럼 표준은 표준이기에 표준을 준수해야 한다.
경우에 따라서는 데이터 표준을 변경하도록 요청하여 데이터 표준을 변경할 수도 있다. 데이터 표준 변경 시 기존 표준을 준수했던 요소들이 비표준으로 될 수 있기 때문에 영향도 분석을 통해 표준 변경에 따른 변경 대상을 추출하고 변경하도록 해야 한다. 데이터 표준 변경 시 많은 어려움이 존재하므로 데이터 표준화 수행 시 데이터 표준을 적절하게 정의해야 한다.

넷째, DBMS의 특성을 알아야 한다
논리 데이터 모델 작성 후 물리 데이터 모델로 변환 시에는 적용하는 DBMS의 특성을 반영하여 적용해야 한다. 따라서, 데이터 모델러는 고객사가 사용하는 DBMS 특성을 알고 적용할 수 있어야 한다. 필요시

DBA의 도움을 받아 적용한다.

마지막으로, SQL(Structured Query Language, 데이터베이스에서 데이터를 조작하고 관리하기 위해 사용되는 언어)을 알아야 한다
논리 데이터 모델을 작성하고 물리 데이터 모델로 변환하여 최종 DB 오브젝트(테이블 등)를 생성하고 나면 실제로 데이터의 연결은 SQL을 사용해서 진행해야 하므로 데이터 모델러라면 SQL을 자유자재로 작성하는 능력을 반드시 갖추어야 한다.
데이터 모델러가 작성한 데이터 모델을 개발자에게 전달하는데, 때에 따라서는 개발자가 신규 작성된 데이터 모델을 이해하지 못하여 특정 요건에 대한 SQL 작성을 모델러에게 요청하는 경우가 발생한다. 이런 경우, 당연히 SQL을 작성하여 모델러 본인이 작성한 데이터 모델을 개발자나 다른 사람들에게 이해시켜야 한다. 따라서, SQL을 작성하는 데 어려움이 없어야 한다.

2장

현행·목표

데이터

모델링

1. 현행 · 목표 데이터 모델링 개요

앞 장에서 데이터 모델링에 대한 흐름도, 주요 타스크에 대한 수행 내역 및 진행 절차를 도식화하여 설명하였는데 본 절에서는 타스크별 상세 내용 및 사례를 기술하고자 한다.

차세대 등 프로젝트가 시작이 되면 DA(데이터 아키텍트) 또는 데이터 모델러가 가장 먼저 진행해야 할 작업은 고객사에 대상 시스템에 대한 관련 자료를 요청하는 것이다. 대상 시스템은 제안서 및 사업수행계획서에 명시되어 있는데 명시된 대상 시스템에 대한 관련 자료를 요청한다.

참고로, 프로젝트는 기업 · 기관 등의 발주처가 사업의 내용을 제안요청서(request for proposal)로 작성하고 공고한다. 해당 내용에 따라 업체별로 제안서를 작성하는데 여기에 수행방안을 기술하게 된다. 작성된 제안서를 발주처가 평가하여 최종 기술점수 및 가격점수에 의해 최종 한 개의 업체를 선정하게 된다.

선정된 업체는 프로젝트 시작 시 PM(프로젝트 매니저)이 가장 먼저 사업수행계획서를 작성하는데 제안서와 함께 프로젝트 진행에 있어 중요한 문서 중 하나이다. 사업수행계획서는 사업 기간, 사업의 목적, 사업 범위(대상 업무), 사업추진 일정, 공정별 인력 투입 계획, 단계별 산출물 목록, 산출물 제출계획 및 각종 계획(교육, 보고, 품질관리, 기술이전 등)에 관한 내용을 작성하고 승인된다.

작성된 사업수행계획서의 내용은 프로젝트 시작부터 종료까지 프로젝트에 적용되며 최종 프로젝트 철수 시 검수의 기준이 된다. 그래서, 해당 문서는 대단히 중요하며 프로젝트 시작부터 종료까지 프로젝트 참여 인력은 해당 내용을 숙지하고 누락이 없는지 확인하며 프로젝트를 수행해야 한다. 사업수행계획서에는 모든 프로젝트 관련 내용이 명확하게 기술이 되어있어야 한다. 그래서 이해당사자 간에 다르게 해석될 수 있는 소지를 없애고 모두가 같은 방향으로 합심하여 성공적인 프로젝트가 되도록 노력해야 한다.

일례로, 예전에 했던 프로젝트 중에서 DA와는 관련이 없는 시스템 간 인터페이스에 관한 내용이 있었는데 사업수행계획서에 애매모호한 내용으로 작성이 되어 주사업자가 추가 인력을 투입해야 했고 이로 인해 많은 손실이 발생한 경우가 있었다. 애매모호한 내용은 다음과 같았다. 사업 범위에서 인터페이스 대상 시스템을 기술하는데 'A시스템, B시스템 및 C시스템'으로 작성이 되어야 하는데 'A시스템, B시스템 및 C시스템 등'으로 작성이 되어 인터페이스 대상 시스템이 추가된 경우이다. '~등'이란 단어 하나 때문에 큰 손실이 발생한 경우이다.

일반적으로 사업수행계획서와 병행해서 WBS(Work Breakdown Structure)를 작성한다. WBS는 '작업 분할 구조도'라고 하는데 단계, 액티비티 및 타스크별로 누가 언제부터 언제까지 해당 타스크를 수행하고 타스크별로 어떤 산출물을 작성하는지를 표기한다. 따라서, PM을 포함해서 전 프로젝트 팀원이 해당 내용을 숙지하고 그 일정에 맞추어 결과물을 만들어야 한다. 그 결과물은 산출물로써 분석·설계 등의 문서이거나 또는 개발 소스 및 테스트 결과물 등이 될 것이다.

도식화된 데이터 모델링 진행 절차에서 액티비티를 기준으로 다음 절에 순차적으로 설명하겠다.

2. 자료수집 및 시스템 현황 분석

2.1 자료 수집

프로젝트의 시작은 자료 수집이다. 자료가 수집되어야 프로젝트를 진행할 수 있다. 자료 수집이 되지 않는다면 팀원들이 손 놓고 있어야 하고 그만큼 시간은 지나간다. 투입되기 전까지는 해당 기업·기관의 내부 자료를 볼 수 없기 때문에 일반적인 사항밖에 알 수 없지만 투입이 되면 내부 문서, 현행 데이터 모델(ERD) 및 DB 오브젝트를 볼 수 있기 때문에 데이터 모델링을 본격적으로 시작할 수 있다. 따라서, 가장 먼저 자료를 수집해야 한다. 데이터 모델러 관점에서 고객사에 요청하여 수집하는 대상 시스템별 자료 수집 목록 예시는 다음과 같다.

시스템별 자료 수집 목록 예시				
요청 항목	유형	주요 내용	중요도	비고
ERD	ERD	현행 데이터 모델	상	
화면 설계서	산출물	현행 시스템 화면 설계서	하	
SQL 소스	SQL	현행 시스템 프로그램 SQL 소스	중	
DB 접속 권한	권한 정보	DB 접속 권한	상	

여기서 중요한 것은 ERD 및 DB 접속 권한이다. DB(데이터베이스, Database)에 접속이 되어야 뒤에 설명할 리버스 모델링을 수행할 수 있다. 또한 ERD를 수집해야 리버스한 모델과 병합하여 ERD에 포함되어 있는 정보를 활용할 수 있다. 화면 설계서는 현행 시스템의 화면이 어떻

게 구성되어 있는지 업무 파악을 하는 데 도움을 받을 수 있는 문서이다. 물론 화면 설계서가 없어도 데이터 모델링을 진행하는 데 크게 영향을 받는 것은 아니다.

SQL 소스는 테이블 분석 시 현행 테이블을 분석하는데 이해가 되지 않거나, 애매하거나, IT팀의 테이블 담당자도 잘 모르거나, 답변해 주지 않거나 등등 해당 업무 내용을 제대로 파악하기 어려운 상황에서 최후로 SQL 소스를 분석하여 해당 내용을 파악하기 위하여 수집한다.

수집한 결과는 '자료 수집 현황서' 등의 공식 산출물로 관리한다. 자료 수집 현황서로 언제 어떤 자료를 고객사가 제공하였는지를 관리한다. 일부 고객사는 자료를 요청해도 오랜 시간이 지나서야 제공하는데 이는 프로젝트 진행에 차질을 초래하고 추후 프로젝트가 잘 진행되지 않거나 문제가 생기면 고객과의 분쟁의 요인이 될 수 있기에 공식 산출물로 관리해야 한다. 다음 표는 시스템별 자료 수집 현황서 산출물 예시이다.

자료 수집 현황서							
번호	자료명	HOST	응용시스템	수집일자	유형	대상여부	비고
1	ABC_채권.ER1	ABC	채권관리시스템		ER1	×	ABC_채권2.ER1 대체
2	KMS_지식관리.ER1	ABD	지식경영시스템		ER1	○	
3	CODE_공통코드.ER1	ABE	공통코드관리시스템		ER1	○	
4	세무관리.ER1	ABF	세무관리시스템		ER1	○	
5	경영평가.ER1	ABG	경영실적관리시스템		ER1	○	
6	홈페이지.ER1	ABH	홈페이지		ER1	○	
7	ABC_채권2.ER1	ABC	채권관리시스템		ER1	○	

[그림 2-1]

수집된 산출물 예시 중 동일한 시스템의 ERD가 2번에 걸쳐 수집된 경우이다. 이러한 경우 먼저 수집된 ERD를 가지고 데이터 모델링 작업을 진행하는데 시일이 지난 후에 ERD를 다시 받으면 난감한 일이다. 처음부터 다시 작업을 하거나 변경된 부분만 반영하는 등의 추가 작업을 진행해야 하기 때문이다.

2.2 시스템 현황 분석

시스템 현황 분석은 단어 그대로 현행 시스템의 전반적인 현황을 분석하는 과정이다. 데이터 모델러는 모델링하고자 하는 업무를 잘 알아야 하기 때문에 초반부터 틈틈이 업무 파악을 진행해야 한다. 가능하면 업무 담당자로부터 전체적인 업무 흐름에 관한 설명을 들으면 많은 도움이 되고 또한 IT 담당자로부터는 주요 테이블에 대한 설명을 들으면 이 또한 모델링을 진행하는 데 있어 많은 도움이 될 것이다. 그러나, 실제 프로젝트에서는 이러한 시스템에 대한 전반적인 내용을 담당자가 자세하게 설명해주는 고객사가 많지 않기에 수집된 자료를 토대로 현행 시스템의 현황을 파악해야 할 것이다.

일반적으로, WBS(Work Breakdown Structure, 작업 분할 구조도)에서 타스크가 종료될 때 하나 이상의 산출물이 작성되어야 한다. 그런데, 사실 시스템 현황 분석 타스크에서의 산출물은 애매할 수 있다. 수행사 입장에서는 현황 파악을 위한 작업인데, 무엇인가 산출물을 작성해서 제출해야 한다는 부담이 있다. 또한 분석서에 기술할 내용도 정형화되거나 통상적이지 않아 논란이 발생할 수도 있다. 어느 고객사는 분석서에 의미 있는 결과가 있어야 한다고 주장하기도 한다. 그래서, 본 타스크는 고객사에 따라 커스터마이징해서 해당 타스크는 제외하고 내부적으로 진행하여 현황을 파악하는 데 주력하는 것이 좋다.

3. 현행 데이터 모델링

수집된 현행 시스템의 ERD 또는 DB 정보로부터 DB 오브젝트를 추출하여 현행 데이터 모델링을 수행한다. 현행 데이터 모델링은 리버스 모델링, 현행 물리 · 논리 데이터 모델링 및 현행 개념 데이터 모델링 순으로 수행한다.

1장에서 언급했듯이 현행 데이터 모델링은 현행 데이터 모델을 관리하고 있다면 필요 없는 작업이다. 현행 개념 데이터 모델링부터 수행하여 현재의 모습을 조망하고 문제점 분석 및 개선 방안을 도출하여 목표 데이터 모델링을 수행하면 되는데 그렇지 않은 경우가 대부분이고 그래서 보통 현행 데이터 모델링을 수행한다.

3.1 리버스 모델링

리버스 모델링은 역공학(Reverse Engineering)이라고도 하는데 현행 데이터 모델링을 하기 위한 기초 작업이다. 리버스 모델링은 현행 데이터 모델이 존재하고 DB 오브젝트와 일치한다면 수행할 필요가 없는 타스크이다. 데이터 모델이 실제 DB와 일치하지 않으면 DB 오브젝트로부터 데이터 모델을 생성하기 위하여 리버스 작업을 진행한다.

모델링 툴을 활용하여 DB 오브젝트 정보 즉, 시스템 카탈로그에서 테이블 및 컬럼의 정보를 추출하여 데이터 모델을 생성한다. 모델링 툴에 따라 또는 버전에 따라 다양한 리버스 지원 기능이 있으니 이런 툴의 기능을 충분히 활용하면 좋다.

리버스 모델링의 목표는 테이블명과 컬럼명에 한글명칭을 적용하여 현행 시스템의 데이터 모델을 생성하는 것이다. 한글명칭의 적용은 DB 오브젝트의 COMMENT 정보에서 추출하여 적용한다.

리버스 모델링은 수집된 자료에 따라 결정되는데 DB 접속정보가 수집되었으면 DB 리버스를 수행하고 엑셀 파일 등의 테이블·컬럼 정보가 수집되었으면 파일 리버스를 수행하며 DDL 스크립트가 수집되었다면 DDL 리버스를 수행하여 리버스 모델을 생성한다.

1) DB 리버스

DB 리버스는 자료수집 타스크에서 수집한 현행 DB의 접속 정보를 활용하여 DB에 직접 접속하여 리버스 모델을 생성하는 방법이다. 아래 그림은 모델링 툴에서 수행하는 DB 접속 화면 예시이다.

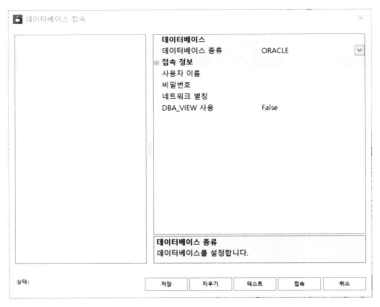

[그림 2-2]

DB 접속을 하면 스키마 목록이 나오고 스키마의 전체 테이블을 리버스할 수 있고 또는 특정 테이블만 선택해서 리버스를 할 수도 있다. 문제는 스키마 전체 테이블을 리버스 할 때 운영을 위한 임시 테이블, 백업 테이블 및 테스트 테이블 등도 모두 리버스된다는 것이다. 이러한 테이블은 관리 대상이 아니므로 제거가 필요하다. 일단 전체 리버스를 한 다음이런 대상이 아닌 테이블은 리버스 모델에서 추후에는 제거해야 하므로 DROP(제거) 표시 등을 해야 한다.

2) 파일 리버스

직접 DB 접속이 어렵고 테이블·컬럼 정보가 파일로 수집되었다면 파일리버스를 적용한다. 아래 그림은 테이블 및 컬럼 레이아웃 정보 예시이다. 테이블 및 컬럼의 파일을 읽어 데이터 모델을 생성한다. 실제 모델링대상이 되는 테이블만 남기고 임시, 백업 및 테스트 테이블은 제거한다. 테이블 목록 예시는 다음과 같다.

TABLE _NAME	COMMENTS
TB_GROUP	그룹코드
TB_MSG	메시지코드
TB_CMN_CD	공통코드

[그림 2-3]

테이블에 대한 컬럼 목록 예시는 다음와 같다.

TABLE _NAME	COLUMN_NAME	COMMENTS	DATA_TYPE
TB_CMN_CD	LC_CD	단순대분류코드	VARCHAR2(4)
TB_CMN_CD	MC_CD	단순중분류코드	VARCHAR2(8)
TB_CMN_CD	SC_CD	단순소분류코드	VARCHAR2(15)
TB_CMN_CD	LC_CD_NM	단순대분류코드명	VARCHAR2(50)
TB_CMN_CD	MC_CD_NM	단순중분류코드명	VARCHAR2(50)
TB_CMN_CD	SC_CD_NM	단순소분류코드명	VARCHAR2(50)
TB_CMN_CD	CD_STS_YN	단순코드상태여부	VARCHAR2(1)
TB_CMN_CD	ETC_CD1	기타코드1	VARCHAR2(50)
TB_CMN_CD	ETC_CD2	기타코드2	VARCHAR2(50)
TB_CMN_CD	ETC_CD3	기타코드3	VARCHAR2(50)
TB_CMN_CD	ETC_CD_NM1	기타코드명1	VARCHAR2(100)
TB_CMN_CD	ETC_CD_NM2	기타코드명2	VARCHAR2(100)
TB_CMN_CD	ETC_CD_NM3	기타코드명3	VARCHAR2(100)
TB_CMN_CD	CD_OUTL_CNTN1	코드적요내용1	VARCHAR2(1000)
TB_CMN_CD	CD_OUTL_CNTN2	코드적요내용2	VARCHAR2(1000)
TB_CMN_CD	ARY_SQNC_NO	정렬순서번호	VARCHAR2(4)
TB_CMN_CD	RMRK_CNTN	비고내용	VARCHAR2(2000)
TB_CMN_CD	SYS_REG_DTTM	시스템등록일시	DATE
TB_CMN_CD	SYS_REG_DET_CD	시스템등록부서코드	VARCHAR2(6)
TB_CMN_CD	SYS_RGSR_EMNO	시스템등록자직원번호	VARCHAR2(6)
TB_CMN_CD	SYS_CHG_DTTM	시스템변경일시	DATE
TB_CMN_CD	SYS_CHG_DET_CD	시스템변경부서코드	VARCHAR2(6)
TB_CMN_CD	SYS_EDIR_EMNO	시스템변경자직원번호	VARCHAR2(6)

[그림 2-4]

3) DDL 리버스

DDL 리버스는 테이블을 생성하는 CREATE TABLE 문을 이용하여 데이터 모델을 생성한다. DB 접속 계정도 없고 테이블 레이아웃 파일도 없고 단지 DBA가 관리하는 DDL만 수집되었다면 DDL 리버스를 적용한다. 아래 그림은 모델링 툴에서 DDL 리버스하는 화면과 생성된 데이터 모델의 예시이다.

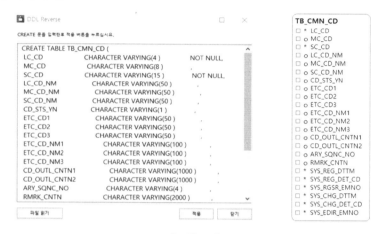

[그림 2-5]

다음은 앞에서 제시한 세 가지 리버스 방법 중 하나를 적용하여 리버스를 수행하여 생성된 데이터 모델의 전체 레이아웃 예시 화면이다.

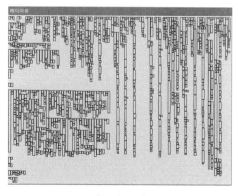

[그림 2-6]

리버스 모델링에서 중요한 작업 중 하나는 테이블명과 컬럼명의 한글화이다. 테이블 및 컬럼의 한글화 가능 여부는 시스템 카탈로그상에서 COMMENT 정보를 관리하고 있어야 가능하다. DB 오브젝트의 COMMENT 정보에서 테이블명 및 컬럼명이 한글명으로 관리된다면 리버스한 결과도 한글로 표시되지만 그렇지 않다면 영문으로 표시된다. 즉, DB 오브젝트의 COMMENT 정보가 없는 경우가 문제다.

테이블명과 컬럼명이 한글로 되어 있지 않고 영문으로 되어 있으면 해석이 쉽지 않고 어떤 의도로 만들었는지 알기 어려워서 다음 단계인 논리 데이터 모델링을 진행하기가 어렵다. 테이블명과 컬럼명을 한글화하는데 노력을 기울여야 한다. 영문에서 한국어로 번역할 수 있으면 번역하고 용어집이 존재한다면 용어집을 참고하여 한글명을 적용한다. 그리고 IT 운영팀에 확인 요청도 하는 등 노력해서 가능한 한 한글화한다. 경우에 따라서 관련 SQL 소스에서 한글명을 추출하기도 한다.

리버스 모델링은 단순하고 기계적인 작업이 많으므로 주로 주니어 레벨의 DA 또는 데이터 모델러가 진행한다.

참고로, 목표 시스템 구축은 장기간에 걸쳐 진행되기에 구축 과정 중에도 현행 시스템은 변경될 수 있다. 따라서, 목표 시스템으로 최종 전환하기 전에 고객사와 협의하여 변경된 DB 오브젝트를 최종 반영해야 한다.

3.2 현행 논리 데이터 모델링

현행 논리 데이터 모델은 현재의 AS-IS 모습을 나타내는 데 중점을 두고 작업을 진행한다. 현재의 모습을 나타내는 과정에서 AS-IS의 문제점을 파악하기도 하고 개선점을 도출하면서 중간중간 메모를 해두고 내용을 정리하는 작업을 별도로 진행한다.

현행 데이터 모델링은 큰 틀에서 작업 순서는 정의하지만 업무 프로세스처럼 세부적인 절차에 의해서 순차적으로 진행하는 것이 아니라 데이터 모델러의 직관으로 여러 절차를 왔다 갔다 하면서 최종 결과물을 작성한다.

중요한 것은 현행 논리 데이터 모델링을 시작하기 전에 대상 테이블을 확정하는 것이다. 즉, 현행 테이블의 모수를 확정하는 것이다. 앞서 DB 리버스 시 제외한 임시, 백업 및 테스트 테이블 등과 데이터 모델러가 일차적으로 판단하고 고객사 담당자가 확인하여 대상이 아닌 테이블을 제외한 최종 모수를 기준으로 작업을 진행한다.

모수 관리, 즉 최종 대상 테이블의 정의는 매우 중요하며 확정 후에도 누가 언제 어떤 사유로 테이블을 제외하였는지 관리가 필요하다. 프로젝트 수행 중에 테이블이 추가·제외될 때도 계속 관리해 나가야 한다.

다음은 모수 관리를 위한 양식 예제이다.

순번	테이블명	테이블 한글명	대상여부	제외사유	생성일자	확인일자

수집된 테이블에 대상여부를 표시하고 제외 시 제외사유를 기술한다. 수집하여 목록에 등재된 일자를 관리하고 제외 시 확인일자 및 담당자 등을 기록한다.

모수가 확정되었다면 현행 논리 데이터 모델링의 작업인 현행화 및 상세화 작업을 진행한다. 현행화 작업은 수집된 데이터 모델(ERD)과 DB 오브젝트에서 추출한 테이블을 일치시키는 작업이고 상세화 작업은 데이터 모델에서 관리하고자 하는 것을 명확히 정의하고 직관적으로 표현하기 위한 일련의 작업이다.

3.2.1 데이터 모델 현행화

데이터 모델 현행화란 수집된 데이터 모델(ERD)과 DB 오브젝트에서 추출한 테이블을 일치시키는 작업이다.

데이터 관리 체계가 정상적으로 운영이 되는 경우 DB 오브젝트의 변경 사항이 발생할 때 논리 데이터 모델부터 물리 데이터 모델 그리고 DB 오브젝트까지 순차적으로 변경하여 세 가지가 최종 일치하는 모습을 유지한다. 그러나 데이터 관리 체계가 없거나 정상적으로 운영되지 않는 경우 데이터 모델과 DB 오브젝트가 일치하지 않는다. 프로젝트를 하면서 이 세 가지를 일치시키는 작업을 선행해서 진행한다. 그래야 후속 작업을 진행해도 효율적이고 의미가 있다.

데이터 모델의 현행화는 리버스 모델과 수집된 ERD를 병합해서 현행 데이터 모델을 생성한다. 즉, 현재의 DB 오브젝트와 기존 ERD에서 관리하던 주제영역 및 각종 부가 정보를 병합해서 현행 데이터 모델을 생성한다.

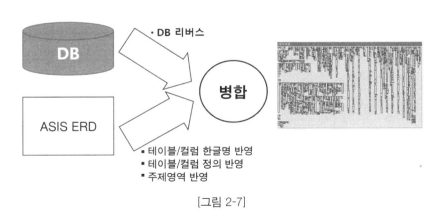

[그림 2-7]

3.2.2 데이터 모델 상세화

데이터 모델 상세화란 데이터 모델에서 관리하고자 하는 것을 명확히 정의하고 직관적으로 표현하기 위한 일련의 작업이다. 상세화 작업의 세부 작업 내용은 다음과 같다. AS-IS ERD의 존재 여부와 수준에 따라 일부 상세화 작업은 생략된다.

번호	수행 항목	작업 내용	비고
1)	데이터 모델 재배치	• 연관성이 있는 엔터티를 근처에 배치 • 데이터 모델의 가독성을 높이기 위해서 엔터티 재배치	
2)	엔터티명 보완	• 엔터티명에 포함된 특수부호나 공백 제거 • 엔터티명이 한글 + 영문으로 되어 있는 것은 영문을 제거하여 한글화	
3)	식별자 지정	• 식별자가 없는 경우 식별자 지정	
4)	관계 설정	• 직접 관계가 미설정된 경우 관계 설정 • 배타 관계 설정 • 다중 관계의 경우 관계명 기술	
5)	서브타입 지정	• 행위 주체나 메인 엔터티에 대해 서브타입 지정	필요 시 엔터티의 구성요소를 나타냄
6)	속성명 보완	• 속성명에 포함된 특수문자나 공백 제거 • 속성명이 한글 + 영문으로 되어 있는 것은 영문을 제거하여 한글화	
7)	속성의 도메인 지정	• 속성명 마지막에 도메인을 기술	허용 가능한 값의 범위 지정
8)	속성 유형 파악	• 기본 속성, 설계 속성 및 파생 속성을 파악함	

1) 데이터 모델 재배치

연관성이 있는 엔터티를 모아서 함께 배치한다. 이 작업은 모델링 툴의 기능을 이용하거나 수작업으로 연관성이 있는 엔터티를 모아서 배치하여 추후 관계를 설정하기 쉽게 한다.

특히, 행위의 주체에 해당하는 엔터티를 먼저 찾고 관련 행위 엔터티를 찾아 근처에 배치한다. 이 작업은 엔터티의 특성을 파악해 가면서 진행하는데 기존에 누군가가 작업한 사항에 관한 내용이나 내역, 설명이 거의 없는 상태에서 진행해야 하므로 단번에 파악하기에는 어려움이 많다. 그래서 처음에는 직관적으로 알 수 있는 것부터 진행한다. 엔터티 분석도 병행해서 틈틈이 진행한다.

아래 그림은 대학 업무 관련 테이블을 리버스한 모델의 일부를 표시한 예제이다.

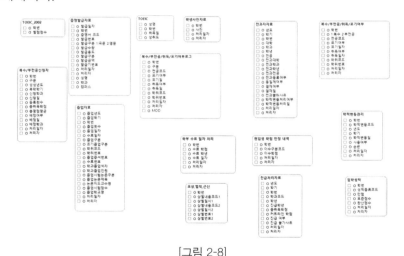

[그림 2-8]

다음 그림은 무작위로 되어 있는 엔터티 배치에서 행위의 주체인 학적 엔터티를 중심으로 관련 엔터티를 주변에 배치한 예제이다.

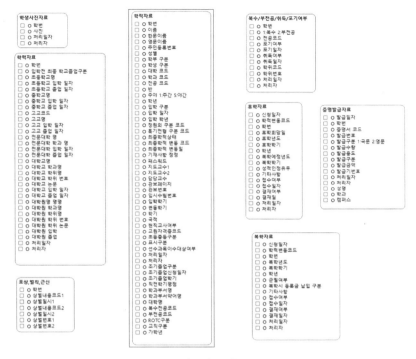

[그림 2-9]

2) 엔터티명 보완

엔터티의 한글명을 보완한다. 엔터티명에 특수부호나 공백(blank) 등이 있는 경우 특수부호나 공백을 제거한다. 괄호 등으로 엔터티명에 부가 정보가 존재하면 엔터티명을 보완하고 엔터티의 부가 정보는 엔터티의 정의로 옮겨 저장한다.

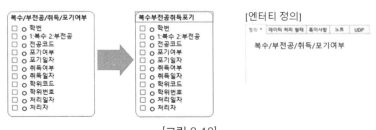

[그림 2-10]

앞의 예제는 엔터티명에서 특수부호(/)를 제거하고 원본(원래의 엔터티명)을 엔터티 정의 항목에 적용한 예제이다. 현행화 작업 중간에 엔터티를 분석하면서 파악한 내용을 잘 기록하는 것이 중요하다. 많은 엔터티를 분석하다 보면 파악된 내용이 유실되는 경우가 발생하므로 빠지지 않게 기록하고 데이터 모델링을 함께 진행하는 팀원 모두가 필요한 정보를 공유할 수 있도록 한다. 분석한 내용은 시간이 지나면 잊을 수 있으니 항상 기록하는 습관을 갖도록 하자.

일부 자산화 프로젝트에서는 현행 논리 데이터 모델의 엔터티명과 속성명에 표준 용어를 적용하고 TO-BE의 엔터티명과 속성명의 명명규칙을 적용하여 현재의 모습과 다른 AS-IS와 TO-BE가 혼합된 형태의 데이터 모델을 생성하는 경우도 존재한다. 하지만 AS-IS는 AS-IS이고 TO-BE는 TO-BE여야 한다. TO-BE의 구조를 설계하고 TO-BE에 맞는 TO-BE 표준을 적용하자.

3) 식별자 지정

엔터티의 식별자를 지정한다. 대부분은 테이블의 PK가 정의되어 있어 식별자를 별도로 지정할 필요가 없으나 테이블에 식별자가 없는 경우도 있으므로 그런 경우 식별자를 새로 지정한다. 그러나 식별자는 해당 엔터티 내 특정 건을 다른 것과 구별할 수 있도록 식별해 주는 하나 이상의 속성과 관계의 조합이므로 이를 찾는 것도 결코 쉬운 작업이 아니다. 업무를 알면 비교적 쉽게 찾아지겠지만 그렇지 않은 경우도 있으니 업무 파악과 엔터티 파악을 병행하면서 찾아가야 한다.

직관적으로 파악이 되지 않는 경우에는 데이터 분석을 통해서 파악한다. 대부분의 경우 시간을 투자해서 데이터가 어떻게 구성되었는지를 샘플링 하면서 분석하면 식별자를 찾을 수 있다. 그러나 일부 기업·기관에서 업무를 진행하다 보면 데이터의 분석만으로는 해석이 안 되는 일도 발생한다. 데이터가 프로그램에 종속되어 관련 SQL을 확인해야 하는 경우도 발생한다. 다음 예제는 간단하게 식별자를 찾을 수 있는 경우이다. 학적 엔터티의 식별자는 학번이기 때문이다.

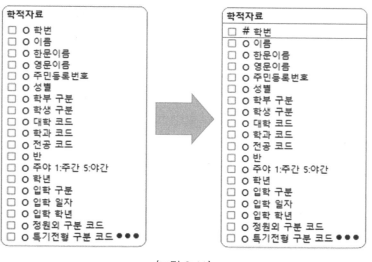

[그림 2-11]

다음 예제는 증명발급자료 엔터티인데 좀 더 깊이 생각해 보자.

일단, 엔터티가 관리하고자 하는 것이 무엇인지 파악해 보자. 증명발급자료 엔터티는 특정 학생의 증명서를 발급한 내역을 관리하는 것으로 보인다. 그래서 식별자는 '학번 + 발급일자 + 증명서코드'일 것으로 생각된다. 여기서 엔터티만 봐서는 증명서코드의 구성 값을 정확히 알 수 없으나 추측하면 재학증명서, 성적증명서 등일 것이다. 그렇다면 "해당 대학의 업무 규칙에서 특정일에 증명서 여러 종류를 발급할 수 없다"의 경우가 아니면 증명서코드까지 식별자로 포함되어야 유일성(Uniqueness)을 보장한다.

그런데 발급번호라는 속성이 존재한다. 발급번호는 위의 3개 속성에 의해 값을 부여하는 속성으로 보인다. 즉, 인조식별자일 것이다. 그렇다면 발급번호를 식별자로 하면 되는데 문제는 속성의 중간에 위치해 있다는 것이다. 통상, 식별자는 엔터티의 맨 위에 위치한다. 그렇다면 발급번호는 증명서에 인쇄하는 번호일 가능성이 높아 보인다. 이렇게 여러 가지 상황을 판단해서 식별자는 다음과 같이 발급일자, 학번, 증명서코드 3개의 속성으로 구성되었다고 결론을 내리고 식별자로 지정한다.

샘플 데이터를 확인해 보면 발급번호가 어떻게 구성되어 있는지 정확하게 파악할 수 있을 것이다.

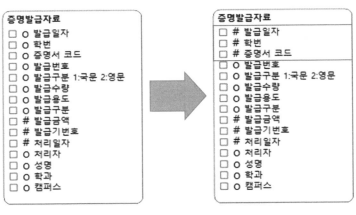

[그림 2-12]

위와 같이 하나의 엔터티의 식별자를 판단하는 일련의 과정은 쉽지 않으며 여러 측면에서 검토해야 하고 깊이 생각해서 판단해야 하기에 대상 엔터티가 많다면 많은 시간이 소요될 것이다. 기존에 식별자조차 관리하지 않는 DB의 경우 프로젝트를 진행하는 데 많은 어려움이 생긴다.

4) 관계 설정

엔터티 간의 관계를 설정한다. 엔터티 간에는 무수히 많은 관계가 존재하지만 직접적인 관계에만 관계를 설정한다. 즉, 부모와 자식 간의 직접적인 관계에만 관계를 설정하고 형제자매나 조부모 간의 관계에는 관계를 설정하지 않는다.

관계 설정 시 식별성(Identification) 및 기수성(Degree, Cardinality)을 고려하여 관계를 설정한다. 식별성은 부모 엔터티의 식별자와 자식 엔터티의 식별자 여부에 따라 결정한다. 기수성은 1(one) 또는 M(many)을 의미하고 1 집합이면 직선으로 표시하고 M 집합이면 까마귀 발가락 모양으로 표시한다.

엔터티 간에 부모와 자식이 구분되었다면 간단하게 식별자 개수에 따라 1:1인지 1:M인지를 판단할 수 있다.

[그림 2-13]

예를 들어, 위와 같이 부모엔터티, 자식엔터티1 및 자식엔터티2가 있을 때 부모엔터티와 자식엔터티1은 식별자 및 식별자 개수가 동일하므로 1:1 관계를 설정하고 자식엔터티2는 식별자 개수가 더 많으므로 1:M 관계를 설정한다.

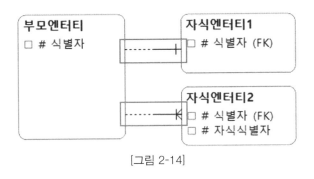

[그림 2-14]

그리고, 리버스 모델에서 배타관계가 존재하는지 검토한다.

배타관계가 존재한다는 것은 엔터티가 통합되어야 하는데 분할된 경우이므로 주의 깊게 보아야 한다. 추후 수행하는 타스크인 문제점 분석 및 개선방안 수립에서 하나의 개선 포인트가 될 수 있으므로 체크해 놓자.

다음과 같은 리버스 모델이 있다고 하자.

[그림 2-15]

위의 리버스 모델을 보면 강의교수 엔터티는 년도/학기/교과목코드/분반별 담당 강의교수를 관리하는 엔터티이다. 시간강사 엔터티는 시간강사를 관리하고 교수/직원 엔터티는 교수와 직원을 관리하는 엔터티이다.

시간강사와 교수가 모두 강의를 진행하므로 강의교수 엔터티에는 시간강사와 교수에 관한 정보가 다 들어있어서 배타관계가 형성된다. 배타관계 설정은 다음과 같다.

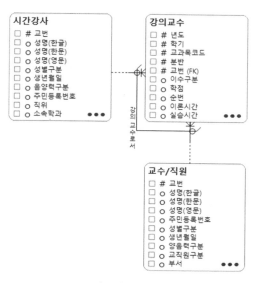

[그림 2-16]

목표 데이터 모델링을 진행할 때 시간강사 엔터티와 교수/직원 엔터티는 모두 행위의 주체이므로 최대한 통합을 하는 것이 바람직하다. 행위의 주체가 되는 엔터티를 통합해서 행위 엔터티가 조건에 의해 부모를 찾아가야 하는 수고를 덜어 주어야 한다. 이런 판단을 하는 것이 모델링에서 중요하다. 추가로 다중 관계가 존재하는지 파악한다. 다중 관계 설정 시 각각의 관계를 파악하고 관계명을 기술해야 한다. 예를 들어, 아래와 같이 교과목과 대체교과목을 관리하는 엔터티가 존재한다고 하자.

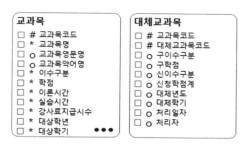

[그림 2-17]

이는 다중 관계이고 다중 관계 시 관계명을 기술하여 관계를 명확하게
표시한다.

[그림 2-18]

참고로, 아래 데이터 모델은 행위 주체를 중심으로 관련 엔터티를 배치하
고 관계를 설정한 예제이다.

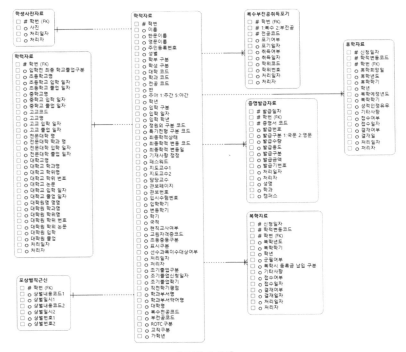

[그림 2-19]

5) 서브타입 지정

행위 주체나 메인 엔터티에 대해 서브타입을 지정한다

행위 주체나 목적물을 관리하는 키 엔터티나 업무의 중심적인 역할을 수행하는 메인 엔터티에 속성의 구성요소가 무엇인지를 상세히 나타내는 서브타입을 기술하여 엔터티가 관리하고자 하는 정보가 무엇인지를 더욱 명확하게 표시한다.

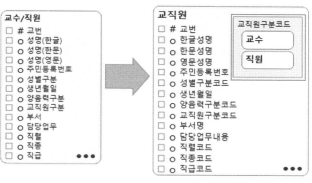

[그림 2-20]

위의 예제처럼 교수/직원 엔터티는 교수와 직원을 관리하는 엔터티이고 그것을 구분하는 속성은 '교직원구분코드'이므로 위와 같이 교직원구분코드를 서브타입으로 표현하여 해당 엔터티가 무엇을 관리하는지 그 내용을 명확히 표시한다. 위의 엔터티에서는 교직원구분코드가 교수, 직원으로 내용이 구성되어 있음을 직관적으로 알 수 있다.

또한, 배타관계 설명 시 시간강사와 교직원 엔터티가 강의교수 엔터티와 배타관계를 형성하고 목표 데이터 모델링에서 이를 통합해야 한다고 언급하였는데 교직원 엔터티의 교직원구분코드에 '시간강사' 값을 추가함으로써 통합을 이룰 수 있다.

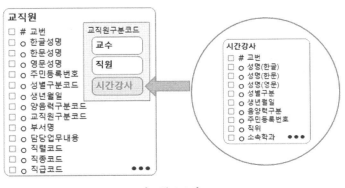

[그림 2-21]

물론, AS-IS 엔터티를 TO-BE 엔터티로 이행할 때 시간강사 엔터티 및 교수/직원 엔터티가 TO-BE의 교직원 엔티티로 매핑되고 각각의 속성에 대한 매핑 규칙이 정의된 후 이행되어야 한다.

6) 속성명 보완

속성의 한글명을 보완한다. 속성명에 특수부호나 공백(blank) 등이 있는 경우 특수부호나 공백을 제거한다. 또한, 괄호 등에 의해 속성명에 부가 정보가 존재하면 속성명을 보완하고 속성의 부가 정보는 속성의 정의에 옮겨 저장한다.

다음은 속성명에 공백(blank)을 제거하고 부가정보가 기술된 속성명을 보완하는 예제이다.

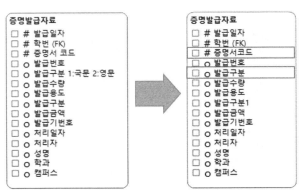

정의 *	FK	UDP

발급구분 1:국문 2:영문

[그림 2-22]

속성명에 코드와 코드명이 기술되어 있는 형태인데 코드명은 업무적으로 해당 속성을 이해하는 데 도움을 주고 향후 이행을 할 때도 주의 깊게 보아야 할 속성이므로 코드나 코드명은 해당 속성의 정의에 저장하여 활용하도록 한다.

또한, 속성명에 괄호로 수식어를 표현한 경우 괄호를 제거하고 수식어를 앞에 붙여서 속성명을 보완한다.

아래 예제의 '성명(한글)'에서 괄호를 제거하면 '성명한글'인데 수식어를 앞으로 이동하면 '한글성명'이 된다. 이는 도메인으로 속성명이 끝나도록 하기 위함이다.

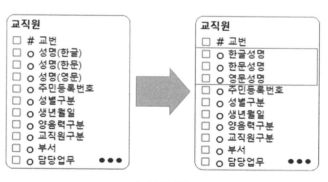

[그림 2-23]

7) 속성의 도메인 지정

속성의 도메인을 명확히 한다. 일반적으로 속성명은 속성명 마지막에 도메인을 기술하여 속성이 허용 가능한 값의 범위를 지정하고 직관적이며 명확하게 명칭을 부여하도록 한다.

아래의 리버스 모델에는 부서, 담당업무, 직렬, 직종, 직급 등의 속성이 있는데 이와 같은 속성명은 허용 가능한 값의 범위를 알 수 없기 때문에 도메인을 기술하여 더 명확하게 속성명을 명명할 필요가 있다. 왼쪽 엔터티의 '부서' 속성을 예로 들면 '부서코드'인지, '부서명'인지 알 수가 없다. '담당업무' 속성도 '담당업무코드'인지 '담당업무내용'인지 알 수 없다. 따라서 해당 속성명에 도메인을 명확히 기술해야 한다. 그러나 리버스 모델만으로는 도메인을 알 수 없으므로 실제 데이터를 확인해서 지정한다.

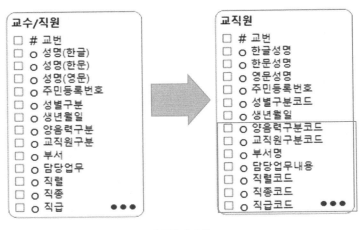

[그림 2-24]

위와 같은 문제를 해결하기 위해 프로파일링이라는 타스크를 통해 기계적으로 SELECT 하여 속성의 값을 조사하고 저장하여 활용한다.

직렬, 직종, 직급을 직렬코드, 직종코드, 직급코드로 도메인을 명명했는데 이것은 특정 기업·기관에서 정의한 표준화 정책에 따라 달라질 수 있다. 즉, 어느 기업은 코드를 사용하지 않고 'OO구분'으로 정의하고 또 어떤 곳은 구분/종류/분류 등을 사용하지 못하도록 규정하기도 한다. 표준을 어떻게 정의하든 속성명의 끝은 도메인으로 기술하여 속성을 명확히 하고자 함은 동일하다.

8) 속성 유형 파악

속성의 유형을 파악한다. 속성의 유형은 기본 속성(Basic Attribute), 설계 속성(Designed Attribute) 및 파생 속성(Derived Attribute)으로 구분한다.

속성은 식별자의 종속성에 따라 해당 엔터티에서 관리해야 한다. 하나의 데이터는 하나의 장소(One Fact One Place)에서 관리하는 것이 가장 바람직하다. 그런데 현행 시스템에서는 개발 편의성을 위해 데이터를 중복하고 파생 속성을 생성하는 등 데이터를 왜곡해서 발생시키거나 발생 개연성이 있는 DB 오브젝트를 만들어 사용하는 경우가 비일비재하다.

현행 데이터 모델에서 속성 레벨로 설계 속성과 파생 속성을 파악하고 표시하여 향후 목표 데이터 모델에서 해당 속성을 어떻게 반영할 지 심도 있게 검토해야 한다. 그러기 위해서 현행 데이터 모델을 정확하게 분석해 내야 하는 것이다.

3.3 현행 개념 데이터 모델링

개념 데이터 모델은 주요 핵심 엔터티들로 구성된 데이터 모델의 골격에 해당하는 구조로써 해당 시스템의 전체를 조망한다.

현행 개념 데이터 모델링은 현행 논리 데이터 모델로부터 핵심이 되는 엔터티를 도출하고 핵심 엔터티 간의 관계를 정의하여 전체 데이터 모델의 골격을 생성하고 구조화한다. 현행 데이터 모델의 전체를 조망함으로써 현행 데이터 구조를 이해하고 문제점을 파악하며 개선 방안을 도출하는 기초로 활용한다.

현행 개념 데이터 모델링 절차는 다음과 같다. 핵심 엔터티 도출, 핵심 엔터티의 개념화 및 핵심 엔터티의 관계 설정 순으로 진행한다.

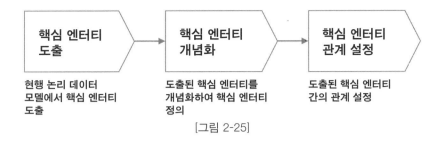

[그림 2-25]

1) 핵심 엔터티 도출

핵심 엔터티는 데이터 발생의 주체나 목적물인 키 엔터티가 우선 대상이다. 그리고 업무의 중심에 있는 메인 엔터티와 실제 행위가 발생한 행위 엔터티 중에서 상위 계층에 존재하는 엔터티가 대상이 된다. 업무 흐름의 메인 프로세스에 대응되는 엔터티가 핵심 엔터티라고 보아도 무방하다.

2) 핵심 엔터티 개념화

현행 논리 데이터 모델에서 도출된 핵심 엔터티를 기초로 논리 데이터 모델에 존재하는 속성을 제거하여 개념화하고 필요시 속성의 서브타입을 표현하여 핵심 엔터티를 명확하게 정의한다.

현행 개념 데이터 모델에서 식별자는 현행 논리 데이터 모델의 식별자를 그대로 적용한다.

3) 핵심 엔터티 관계 설정

일반적인 논리 데이터 모델의 관계 설정과 동일하게 핵심 엔터티간의 관계를 설정한다. 엔터티 간의 직접적인 관계가 존재하나 현행 데이터 모델의 문제로 인해 식별자가 다르면 관계 설정이 어려울 수 있는데 이런 경우 모델링 툴의 가상(Pseudo) 관계 기능을 사용하여 관계를 설정한다.

4. 문제점 분석 및 개선 방안 수립

현행 논리·개념 데이터 모델을 기준으로 현행 데이터 모델의 문제점을 분석하고 개선 방안을 수립하는 타스크이다.

현행 논리·개념 데이터 모델링 타스크를 현재의 모습을 정확하게 생성 또는 표현하는 작업이라고 한다면 문제점 분석 및 개선 방안 수립 타스크는 목표 데이터 모델을 생성하기 위한 초석을 다지는 작업이라고 할 수 있다. 현행 데이터 모델의 문제점을 정확하게 파악해야 개선점이 도출되고 개선점이 도출되어야 목표 데이터 모델을 생성할 수 있기 때문이다.

데이터 모델의 분석은 데이터 모델의 구성 요소인 엔터티, 관계 및 속성의 순서로 작성자의 의도를 파악하고 해당 구성 요소의 적절성을 분석한다. 데이터 모델의 분석은 데이터 모델링 방법의 반대 시각에서 점검한다. 필자의 전작인『데이터 모델링 실전처럼 시작하기』의 '제3장 논리 데이터 모델링'의 내용을 충분히 이해하고 해당 내용을 바탕으로 반대의 시각에서 다른 사람이 작성한 데이터 모델을 분석해야 한다.

분석 대상인 현행 시스템이 하나라면 하나의 시스템을 분석하고 두 개 이상이라면 대상이 되는 모든 현행 시스템을 각각 분석해야 한다. 두 개 이상의 현행 시스템이 존재하는 경우 각 시스템이 어느 정도 유사한지 등을 분석하는 시스템 간 비교 분석 과정을 추가로 수행한다. 유사 시스템간 GAP(차이) 분석을 통해 통합 요소를 도출하고 개선 방안을 수립한다. 즉, 유사 시스템 간 업무의 레벨을 파악하고 업무 레벨 간 엔터티를 비교 분석하여 통합의 요소를 도출한다.

4.1 프로파일링

프로파일링은 데이터 품질 측정 대상 데이터베이스의 데이터를 읽어 테이블 및 컬럼의 데이터 현황을 분석하는 작업이다. 프로파일링을 통해 데이터의 통계, 패턴 및 오류 데이터를 파악할 수 있다.

프로파일링은 테이블 분석 및 컬럼 분석을 수행하는 데 업무적인 측면보다는 기계적으로 대상을 추출하고 데이터의 상태를 측정한다.

테이블 분석은 테이블 전체 건수, 일별 생성 건수, 일별 변경 건수 등을 조사한다.

컬럼 분석은 컬럼의 도메인에 따라 분석이 달라지며 날짜 및 여부 컬럼의 경우 해당 범위에 벗어나는 오류 데이터를 조사하는 데 활용되고 코드 컬럼의 경우 코드를 조사하고 코드값과 비교하여 범위에 벗어나는 오류 데이터를 조사한다. 또한, 코드와 코드값은 업무를 이해하고 테이블 자체를 분석하는 데도 도움을 준다.

컬럼 분석은 컬럼의 DISTINCT 값과 건수, NULL 건수, 최소값, 최대값 등을 조사한다. 프로파일링을 통해 테이블 및 컬럼의 현황을 파악하고 통계 정보를 측정하여 데이터 모델 분석의 기초로 활용한다.

4.2 데이터 모델 분석

데이터 모델 분석 시 프로파일링 결과를 참조하며 경우에 따라 엔터티의 연관 관계, 속성 간의 종속 관계 등을 파악한다.

본 절에서는 데이터 모델의 분석 절차, 데이터 모델 분석 관점별 특징 및 데이터 모델 분석 기준에 관해 알아본다.

4.2.1 데이터 모델 분석 절차

현행 데이터 모델을 분석하기 위해서는 분석 기준을 정의하고 데이터 모델을 그 분석 기준에 따라 상세히 분석하며 그다음에 유사 시스템 간 비교 분석을 수행하는 절차로 진행한다.

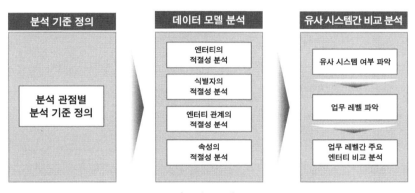

[그림 2-26]

데이터 모델 분석은 엔터티의 적절성, 식별자의 적절성, 엔터티 관계의 적절성 및 속성의 적절성에 대해 분석한다. 유사 시스템 간 비교 분석은 유사 시스템인지 아닌지를 파악하고 업무 레벨을 파악하여 업무 레벨 간 주요 엔터티를 비교 분석하는 절차로 진행한다.

4.2.2 데이터 모델 분석 관점별 특징

데이터 모델 분석 관점별 특징은 다음 그림과 같다.

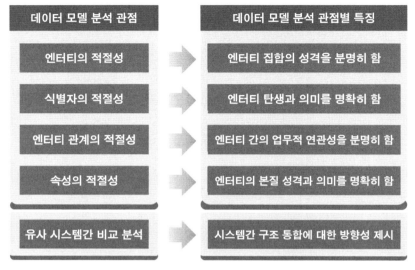

[그림 2-27]

데이터 모델 분석 관점에서 엔터티의 적절성 분석은 엔터티가 관리하고자 하는 것이 무엇인지 집합의 성격을 분명히 하는 작업이다. 식별자의 적절성 분석으로 엔터티의 탄생과 의미를 명확히 할 수 있다. 엔터티 관계의 적절성 분석은 엔터티 간의 업무적 연관성을 분명히 하고 속성의 적절성 분석으로 엔터티의 본질이 되는 성격과 의미를 명확히 할 수 있다. 또한, 유사 시스템 간 비교 분석을 통해 시스템 간 구조 통합에 대한 방향성을 제시할 수 있다.

4.2.3 데이터 모델 분석 기준

데이터 모델 분석 기준은 다음과 같다.

1) 엔터티의 적절성

분석 기준	분석 기준 상세
엔터티명의 적절성	• 엔터티가 관리하고자 하는 집합의 범위를 명확히 나타내기 위하여 누구나 직관적으로 알 수 있는 엔터티명을 부여하였는가
엔터티 정의 충실도	• 엔터티 정의를 충실히 기술하였는가
엔터티 집합의 정확성	• 엔터티가 관리하고자 하는 집합의 범위를 명확히 나타내었는가 • 엔터티의 집합을 명확히 규명하기 위한 서브타입을 적절히 사용하였는가
데이터 관리의 적절성	• 데이터가 유일하게 관리되고 있는가. 즉, 동일 데이터를 중복 관리하고 있지는 않은가

2) 식별자의 적절성

분석 기준	분석 기준 상세
식별자 선정의 적절성	• 엔터티의 특성에 맞게 식별자가 적절히 부여되었는가 • 엔터티의 유일성(Uniqueness)과 최소성(Minimality)을 충족하는가 • 인조식별자의 적용이 적절한가

3) 엔터티 관계의 적절성

분석 기준	분석 기준 상세
관계의 적절성	• 엔터티간의 부모 - 자식 관계가 적절한가 • 식별성(Identification)이 적절한가. 즉, 식별관계와 비식별관계가 적절한가 • 선택성(Optionality)이 적절한가 • 기수성(Cardinality)이 적절한가 • 엔터티 관계가 1:1 인 경우에 타당한 근거가 제시되었는가 • M:N 관계가 모두 해소되었는가
특수 관계의 적절성	• 순환(Recursive) 관계가 적절한가 • 배타관계가 적절한가

4) 속성의 적절성

분석 기준	분석 기준 상세
속성명의 적절성	• 의미가 명확한 속성 명칭이 적절히 부여되었는가
속성 정의의 적절성	• 속성 정의를 충실히 기술하였는가 • 속성이 코드인 경우 코드 값 또는 관련 그룹코드가 기술되었는가
정규화 여부	• 제3정규화(3NF)를 수행 하였는가

4.3 데이터 모델 분석 사례

4.3.1 엔터티의 적절성 분석

데이터 모델 분석 관점 중 엔터티의 적절성을 분석한 사례이다.

엔터티명의 적절성, 엔터티 정의 충실도, 엔터티 집합의 정확성 및 데이터 관리의 적절성 등에 대한 분석 사례를 기술한다.

1) 불명확한 엔터티명

엔터티명은 관리하고자 하는 것이 무엇인지를 직관적으로 알 수 있게 부여해야 하는데 그렇지 않은 경우이다.

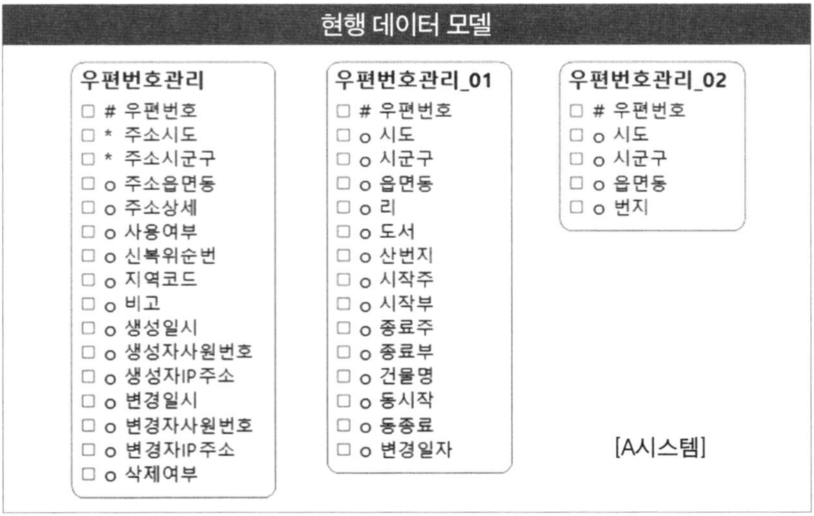

[그림 2-28]

- '우편번호관리', '우편번호관리_01', '우편번호관리_02' 처럼 엔터티의 명칭이 애매모호함
- 동일한 우편번호를 중복해서 관리함

[개선 방안]

- 엔터티명은 정의하고자 하는 집합의 의미를 잘 나타낼 수 있는 명칭 부여
- 01, 02 등의 숫자를 엔터티명에 부여하는 것은 피한다
- 엔터티명의 끝에 ~관리, ~현황, ~등록 등을 붙이는 것은 피한다

[분석 기준]

- 분석 관점 : 엔터티의 적절성
- 분석 기준 : 엔터티명의 적절성
- 분석 기준 상세 : 엔터티가 관리하고자 하는 집합의 범위를 명확히 나타내기 위하여 누구나 직관적으로 알 수 있는 엔터티명을 부여하였는가

2) 엔터티 정의 미흡

엔터티는 관리하고자 하는 대상이 무엇인지를 명확하게 정의해야 하는데 그 내용을 기술하지 않은 사례이다. 아래 사례의 충실도는 25% 수준이다.

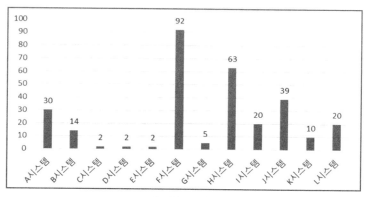

[그림 2-29]

엔터티 정의 충실도 계산식은 **(엔터티 정의가 기술된 엔터티 수 / 전체 엔터티 수)** * 100으로 한다. 엔터티명과 동일하게 엔터티 정의를 기술한 경우는 충실도에서 제외하여 계산한다.

[분석 기준]

- 분석 관점 : 엔터티의 적절성
- 분석 기준 : 엔터티 정의의 적절성
- 분석 기준 상세 : 엔터티 정의를 충실히 기술하였는가

3) 엔터티 집합의 정확성 미흡

엔터티는 관리하고자 하는 정보가 정확하게 무엇인지 정의하여 집합의 범위를 명확히 나타내야 한다. 특히, 행위의 주체일 때 엔터티를 구성하는 구성요소가 무엇인지를 서브타입으로 표현하여 명시적으로 나타내는 것이 바람직하나 그렇지 않은 사례이다.

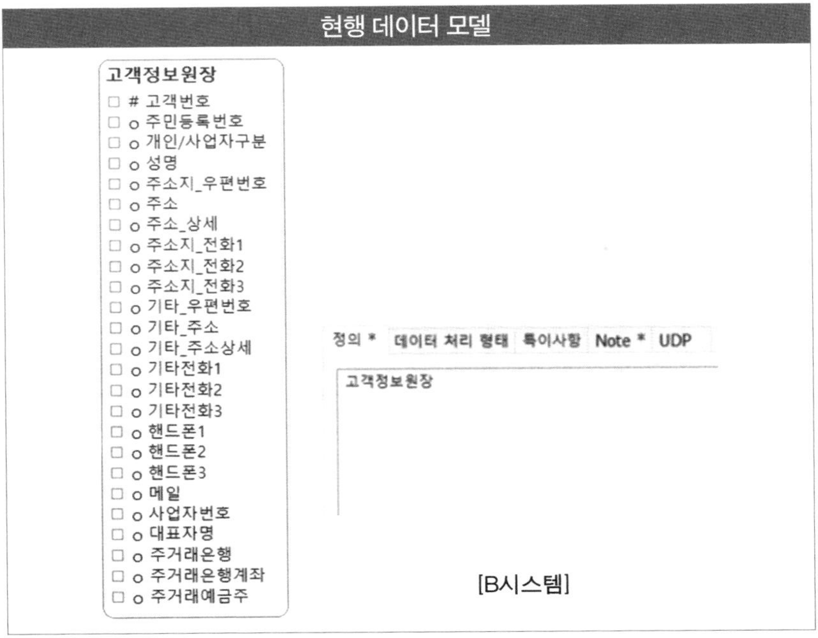

[그림 2-30]

[현황 분석]

- 고객정보원장 엔터티는 개인/사업자구분 속성으로 개인과 사업자를 관리하는 것으로 보임
- 엔터티 정의가 엔터티명과 동일함

[개선 방안]

- 행위의 주체인 고객정보원장의 구성요소가 무엇인지 서브타입으로 표현
- 엔터티 정의에 엔터티에 관한 정보를 정확하게 기술할 필요가 있음

[분석 기준]

- 분석 관점 : 엔터티의 적절성
- 분석 기준 : 엔터티명의 적절성
- 분석 기준 상세 :
  1) 엔터티가 관리하고자 하는 집합의 범위를 명확히 나타내었는가
  2) 엔터티의 집합을 명확히 규명하기 위한 서브타입을 적절히 사용하였는가

4) 데이터 관리의 미흡

데이터 모델링 시 중요 요소 중 하나는 데이터 중복(Redundancy)의 배제이다. 하나의 데이터를 여러 장소에 관리하지 말고 가능한 하나의 데이터는 하나의 장소(One Fact One Place)에 보관하는 것이 중요하나 그렇지 않은 사례이다.

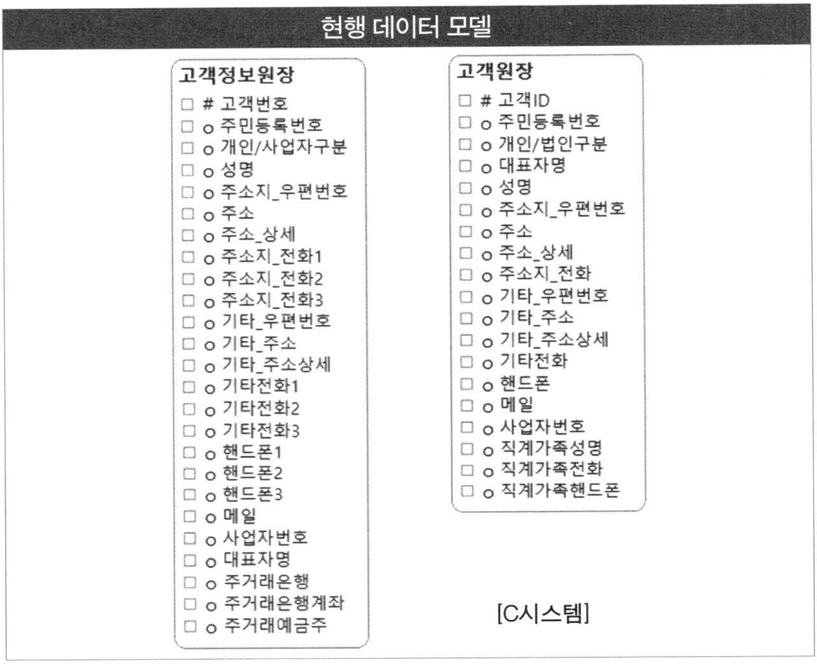

현행 데이터 모델	
고객정보원장	**고객원장**
☐ # 고객번호	☐ # 고객ID
☐ ○ 주민등록번호	☐ ○ 주민등록번호
☐ ○ 개인/사업자구분	☐ ○ 개인/법인구분
☐ ○ 성명	☐ ○ 대표자명
☐ ○ 주소지_우편번호	☐ ○ 성명
☐ ○ 주소	☐ ○ 주소지_우편번호
☐ ○ 주소_상세	☐ ○ 주소
☐ ○ 주소지_전화1	☐ ○ 주소_상세
☐ ○ 주소지_전화2	☐ ○ 주소지_전화
☐ ○ 주소지_전화3	☐ ○ 기타_우편번호
☐ ○ 기타_우편번호	☐ ○ 기타_주소
☐ ○ 기타_주소	☐ ○ 기타_주소상세
☐ ○ 기타_주소상세	☐ ○ 기타전화
☐ ○ 기타전화1	☐ ○ 핸드폰
☐ ○ 기타전화2	☐ ○ 메일
☐ ○ 기타전화3	☐ ○ 사업자번호
☐ ○ 핸드폰1	☐ ○ 직계가족성명
☐ ○ 핸드폰2	☐ ○ 직계가족전화
☐ ○ 핸드폰3	☐ ○ 직계가족핸드폰
☐ ○ 메일	
☐ ○ 사업자번호	
☐ ○ 대표자명	[C시스템]
☐ ○ 주거래은행	
☐ ○ 주거래은행계좌	
☐ ○ 주거래예금주	

[그림 2-31]

[현황 분석]

• '고객정보원장' 엔터티와 '고객원장' 엔터티가 동일 · 유사한 엔터티로 중복 관리됨

[개선 방안]

• 엔터티 통합 필요

[분석 기준]

• 분석 관점 : 엔터티의 적절성
• 분석 기준 : 데이터 관리의 적절성
• 분석 기준 상세 : 데이터가 유일하게 관리되고 있는가. 즉, 동일 데이터를 중복해서 관리하고 있지는 않은가 분석

위의 사례처럼 동일·유사 엔터티는 목표 데이터 모델링에서 엔터티 통합을 해야 한다. 단순히 물리적 통합만 하면 되는 것이 아니라 엔터티 통합을 하려면 좀 더 심도 있는 분석이 필요하고 많이 고민해야 한다.

첫째, 속성의 유사도를 분석한다. 즉, 두 엔터티의 속성이 얼마나 유사한지 또는 같은지를 상세히 분석한다. 다음은 두 엔터티의 속성을 비교한 예제이다.

	엔터티명	속성명	엔터티명	속성명
	고객정보원장	고객번호	고객원장	고객ID
	고객정보원장	주민등록번호	고객원장	주민등록번호
	고객정보원장	개인/사업자구분	고객원장	개인/사업자구분
	고객정보원장	성명	고객원장	성명
	고객정보원장	주소지_우편번호	고객원장	주소지_우편번호
	고객정보원장	주소	고객원장	주소
	고객정보원장	주소_상세	고객원장	주소_상세
①	고객정보원장	주소지_전화1	고객원장	주소지_전화
	고객정보원장	주소지_전화2		
	고객정보원장	주소지_전화3		
	고객정보원장	기타_우편번호	고객원장	기타_우편번호
	고객정보원장	기타_주소	고객원장	기타_주소
	고객정보원장	기타_주소상세	고객원장	기타_주소상세
	고객정보원장	기타전화1	고객원장	기타전화
	고객정보원장	기타전화2		
	고객정보원장	기타전화3		
	고객정보원장	핸드폰1	고객원장	핸드폰
	고객정보원장	핸드폰2		
	고객정보원장	핸드폰3		
	고객정보원장	메일	고객원장	메일
	고객정보원장	사업자번호	고객원장	사업자번호
②	고객정보원장	대표자명	고객원장	대표자명
			고객원장	직계가족성명
			고객원장	직계가족전화
			고객원장	직계가족핸드폰
	고객정보원장	주거래은행		
③	고객정보원장	주거래은행계좌		
	고객정보원장	주거래예금주		

[그림 2-32]

①의 경우는 속성의 관리 레벨이 다르지만 같은 속성으로 판단된다. 즉, 고객정보원장 엔터티는 전화식별번호, 전화국번 및 전화일련번호(주소지_전화1, 주소지_전화2, 주소지_전화3)를 각각의 속성으로 관리하는 형태이고 고객원장 엔터티는 전화번호를 하나의 속성(주소지_전화)으로 관리하는 형태이다.

②의 경우는 속성의 위치가 다르지만 이것은 같은 속성이다.

③의 경우가 문제인데 해당 속성이 각각의 엔터티에만 존재하는 속성이다. 통합시 각각의 속성을 생성하고 향후 데이터를 이행할 때 해당 엔터티에서만 데이터가 이행된다. 추가로 ③의 경우는 엔터티의 분할을 검토할 필요가 있다. 즉, 고객별로 직계가족은 N건 존재할 수 있으므로 엔터티 분할을 검토하고 주거래은행도 거래은행으로 확장하면 N건이 존재할 수 있으므로 엔터티 분할을 검토한다.

둘째, 데이터의 유사도를 분석한다. 즉, 각 엔터티의 데이터가 몇 건 존재하는지, 매칭되는 건은 몇 건인지 등을 분석한다.

다음 두 엔터티를 비교해 보자. 엔터티별 데이터 건수를 조사하니 다음과 같다고 가정하자.

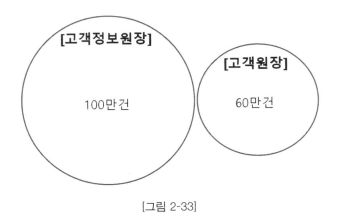

[그림 2-33]

고객정보원장의 식별자는 고객번호이고 고객원장의 식별자는 고객ID이므로 이것이 같다고 보장할 수 없다. 식별자의 속성은 다르지만 값이 같을 수도 있고 다른 번호 체계에 따라 부여된 값이어서 다른 값일 수도 있다. 그러므로 실제 고객정보원장 엔터티의 고객번호의 데이터와 고객원장 엔터티의 고객ID의 데이터를 비교해 보자. 왜냐하면 각각의 자식 엔터티들이 존재할 때 고객번호와 고객ID를 어떻게 처리할지 판단할 수 있기 때문이다.

또한, 개인/사업자구분 속성에 따라 개인이면 주민등록번호가 본질적인 식별자이고 사업자이면 사업자등록번호가 본질절인 식별자이므로 두 엔터티의 주민등록번호 및 사업자등록번호도 비교하자.

본질적인 식별자인 주민등록번호와 사업자등록번호의 비교 결과 포함관계는 세 가지 경우가 존재할 수 있다. 포함관계에 따라 최종 건수가 결정된다.

또한, 고객번호와 고객ID의 경우 비교 분석 후 판단해서 신규로 부여할지 등을 결정한다.

포함 관계	포함 관계도	이행 시 최종건수
완전포함 관계	**[고객정보원장]** 100만 건 / **[고객원장]** 60만 건	100만 건
부분포함 관계	**[고객정보원장]** 100만 건 35만건 60만건 **[고객원장]**	125만 건 (=100만건 + 60만 건 - 35만건)
미포함 관계	**[고객정보원장]** 100만건 **[고객원장]** 60만건	160만 건

셋째, 매칭되는 건 중에서 식별자 기준으로는 같은데 일부 속성의 경우 값이 다른 경우가 존재한다. 이럴 때는 값이 다른 속성들의 우선순위를 정해서 어떤 값으로 적용할지를 결정해야 한다. 예를 들어, '전화번호가 다른 경우 두 엔터티 중에서 나중에 등록된 데이터를 기준으로 한다'라고 결정할 수 있다. 내부적으로 이런 결정이 어렵다면 업무를 담당하거나 책임지는 해당 고객에게 물어보고 자문을 구해서 확정한다.

4.3.2 식별자의 적절성 분석

분석 관점 중 식별자의 적절성을 분석하는 단계다. 식별자 선정의 적절성에 관한 분석 사례를 알아보자.

1) 식별자 부재

식별자는 엔터티의 특성에 맞게 유일성과 최소성을 충족하면서 정의되어야 한다. 다음은 모델의 식별자 자체가 정의되지 않은 사례이다.

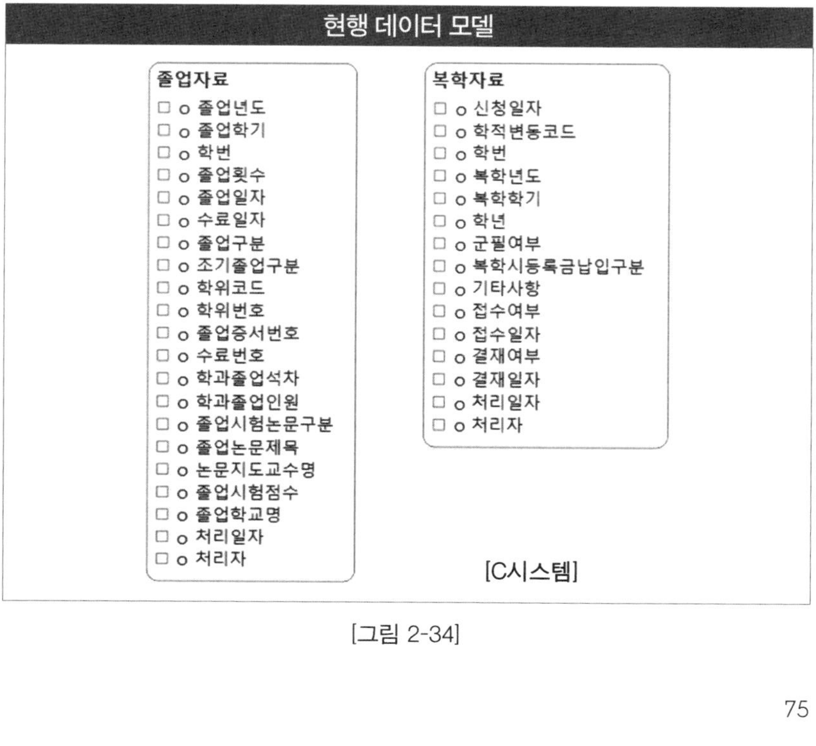

[그림 2-34]

[현황 분석]

- 식별자 없음

[개선 방안]

- 식별자 정의 필요

[분석 기준]

- 분석 관점 : 식별자의 적절성
- 분석 기준 : 식별자 선정의 적절성
- 분석 기준 상세 :
  1) 엔터티의 특성에 맞게 식별자가 적절히 부여되었는가
  2) 엔터티의 유일성(Uniqueness)과 최소성(Minimality)을 충족하는가

2) 부적합한 식별자

적합하지 않은 속성이 식별자로 정의된 사례이다. 불필요한 다수의 속성
으로 식별자를 구성하거나 속성의 길이가 긴 속성으로 식별자를 구성하
고 있다.

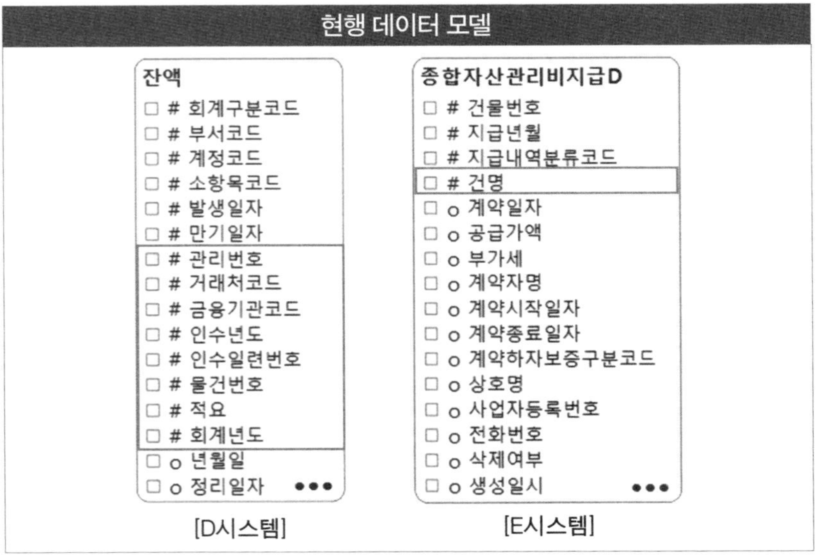

현행 데이터 모델

잔액
- □ # 회계구분코드
- □ # 부서코드
- □ # 계정코드
- □ # 소항목코드
- □ # 발생일자
- □ # 만기일자
- □ # 관리번호
- □ # 거래처코드
- □ # 금융기관코드
- □ # 인수년도
- □ # 인수일련번호
- □ # 물건번호
- □ # 적요
- □ # 회계년도
- □ o 년월일
- □ o 정리일자 ●●●

[D시스템]

종합자산관리비지급 D
- □ # 건물번호
- □ # 지급년월
- □ # 지급내역분류코드
- □ # 건명
- □ o 계약일자
- □ o 공급가액
- □ o 부가세
- □ o 계약자명
- □ o 계약시작일자
- □ o 계약종료일자
- □ o 계약하자보증구분코드
- □ o 상호명
- □ o 사업자등록번호
- □ o 전화번호
- □ o 삭제여부
- □ o 생성일시 ●●●

[E시스템]

[그림 2-35]

[현황 분석]

- D시스템의 엔터티는 다수의 속성으로 식별자를 구성함
  1) 다수의 속성으로 식별자가 구성되어 유일성을 보장하는지 검토 필요
  2) 적요 속성은 길이가 긴 속성으로 식별자로 적합하지 않음
- E시스템의 엔터티에는 부적합한 식별자가 존재함
  1) 건명 속성은 길이가 긴 속성으로 식별자로 적합하지 않음

[개선 방안]

- 엔터티가 관리하고자 하는 정보가 무엇인지 엔터티의 본질적인 역할과 정보를 정확히 파악하여 적절한 식별자 재구성이 필요

[분석 기준]

- 분석 관점 : 식별자의 적절성
- 분석 기준 : 식별자 선정의 적절성
- 분석 기준 상세 :
  1) 엔터티의 특성에 맞게 식별자가 적절히 부여되었는가
  2) 엔터티의 유일성(Uniqueness)과 최소성(Minimality)을 충족하는가

3) 불명확한 식별자

애매모호한 명칭의 속성으로 식별자를 구성한 사례이다. 식별자를 기준으로 SEQ를 부여하는 경우 보통 일련번호, 순번, 연번 등으로 표시할 수 있다. 엔터티마다 용어를 다르게 쓰기보다는 표준 지침을 만들어서 따른다. 즉, 일련번호, 순번, 연번같이 비슷한 용어는 하나를 정해서 공통으로 속성에 적용한다. 다음은 기존 엔터티의 문제를 분석해서 위에서 언급한 내용을 적절하게 적용한 사례이다.

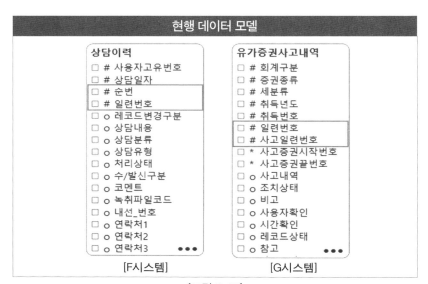

현행 데이터 모델

상담이력
- □ # 사용자고유번호
- □ # 상담일자
- □ # 순번
- □ # 일련번호
- □ o 레코드변경구분
- □ o 상담내용
- □ o 상담분류
- □ o 상담유형
- □ o 처리상태
- □ o 수/발신구분
- □ o 코멘트
- □ o 녹취파일코드
- □ o 내선_번호
- □ o 연락처1
- □ o 연락처2
- □ o 연락처3 •••

[F시스템]

유가증권사고내역
- □ # 회계구분
- □ # 증권종류
- □ # 세분류
- □ # 취득년도
- □ # 취득번호
- □ # 일련번호
- □ # 사고일련번호
- □ * 사고증권시작번호
- □ * 사고증권끝번호
- □ o 사고내역
- □ o 조치상태
- □ o 비고
- □ o 사용자확인
- □ o 시간확인
- □ o 레코드상태
- □ o 참고 •••

[G시스템]

[그림 2-36]

[현황 분석]

- 상담이력 엔터티가 순번, 일련번호 등의 애매모호한 식별자로 구성됨
- 유가증권사고내역 엔터티에서도 일련번호, 사고일련번호 등의 애매모호한 이름의 속성이 식별자로 구성됨

[개선 방안]

- 의미 있는 식별자 명칭 적용 및 적절한 속성으로 구성된 식별자 필요
- 식별자를 기준으로 SEQ를 부여하는 순번, 일련번호 등에 표준화 적용
- 순번(일련번호)에 접두사를 추가하여 의미를 명확히 함

[분석 기준]

- 분석 관점 : 식별자의 적절성
- 분석 기준 : 식별자 선정의 적절성
- 분석 기준 상세 :
    1) 엔터티의 특성에 맞게 식별자가 적절히 부여되었는가
    2) 엔터티의 유일성(Uniqueness)과 최소성(Minimality)을 충족하는가

4.3.3 엔터티 관계의 적절성 분석

데이터 모델 분석 관점 중 엔터티 관계의 적절성을 분석하는 사례이다. 관계의 적절성 및 특수 관계의 적절성 등에 대한 분석 사례이다.

실제로는 엔터티 관계 자체가 설정되지 않은 사례도 다수 존재하나 여기서는 제외한다. 집계(요약) 엔터티를 제외하고는 대부분의 엔터티는 부모와 자식 간의 관계가 존재한다. 즉, 집계(요약) 엔터티를 제외하고 다른 엔터티와 관계없이 단독으로 존재하는 엔터티는 검토가 필요하다.

1) 엔터티 관계 설정 미흡

엔터티 간의 관계는 식별관계와 비식별관계를 고려하여 명확하게 설정되어야 하지만 그렇지 않은 사례이다.

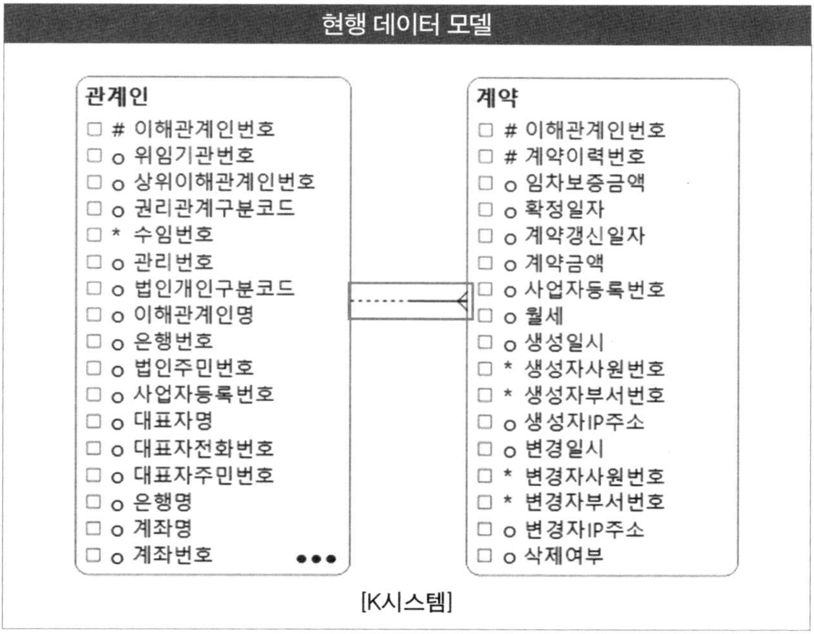

[그림 2-37]

[현황 분석]

> • 엔터티와 엔터티 간의 식별관계와 비식별관계를 표현하는 식별성
> (Identification)이 미흡함
> - 관계인 엔터티와 계약 엔터티는 식별관계임

[개선 방안]

> • 식별자 명확화

[분석 기준]

> • 분석 관점 : 엔터티 관계의 적절성
> • 분석 기준 : 엔터티 관계의 적절성
> • 분석 기준 상세 :
>   - 식별성(Identification)이 적절한가
>   - 즉, 식별관계와 비식별관계가 적절한가

2) 엔터티 관계 단절

식별자의 구조가 다르게 구성되어 엔터티의 관계가 단절된 사례이다.
즉, 엔터티 간의 관계가 실제로는 존재하지만 참조되는 엔터티의 식별자
와 참조하는 엔터티의 속성이 달라서 관계 설정이 불가한 사례이다.

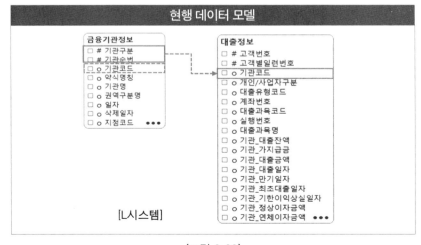

[그림 2-38]

[현황 분석]

- 금융기관정보 엔터티와 대출정보 엔터티 간의 관계 설정 불가
  - 금융기관정보 엔터티의 식별자는 '기관구분 + 기관순번'으로 구성됨
  - 금융기관정보 엔터티에 기관코드 속성을 관리하고 있음
  - 대출정보 엔터티는 기관코드 속성으로 관리함

[개선 방안]

- 금융기관정보 엔터티의 식별자를 기관코드로 변경하고 관계를 설정하거나
- 또는 대출정보 엔터티의 기관코드를 삭제하고 기관구분, 기관순번 속성을 추가하고 관계 설정

[분석 기준]

- 분석 관점 : 엔터티 관계의 적절성
- 분석 기준 : 엔터티 관계의 적절성
- 분석 기준 상세 :
  - 엔터티 간의 부모-자식 관계가 적절한가

4.3.4 속성의 적절성 분석

데이터 모델 분석 관점 중 속성의 적절성을 분석하는 사례이다. 속성명의 적절성, 속성 정의의 적절성 및 정규화 여부 등에 대한 분석 사례를 기술한다.

1) 불명확한 속성명

속성명은 의미가 명확하게 명칭을 부여하고 속성명의 끝에는 도메인을 붙여서 (속성명이 도메인으로 끝나야 한다) 속성의 허용 가능한 값의 범위를 알 수 있게 해야 하는데 그렇지 않은 사례이다.

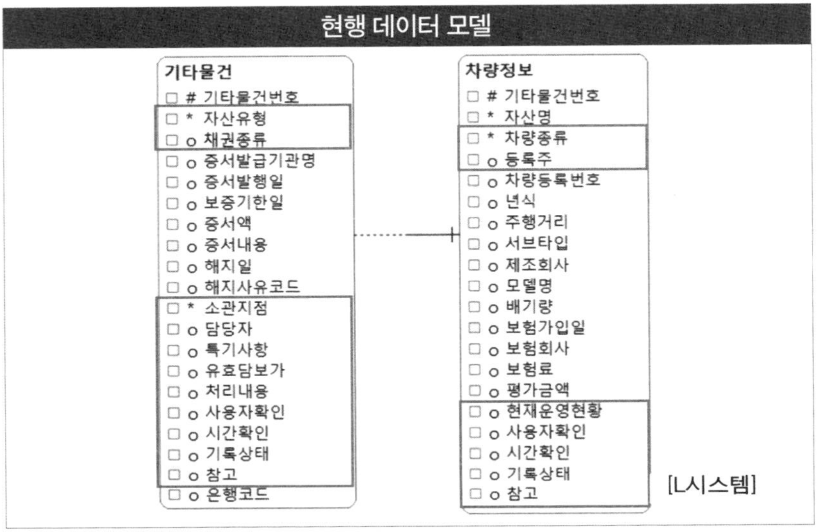

[그림 2-39]

[현황 분석]

- 다수의 애매모호한 속성명이 존재함
  - 기타물건 엔터티의 담당자 속성은 담당자번호인지 담당자명인지 애매모호함
  - 기타물건 엔터티와 차량정보 엔터티의 기록상태 속성은 기록상태코드인지 기록상태내용인지 애매모호함

[개선 방안]

- 명확한 속성명칭 부여

[분석 기준]

- 분석 관점 : 속성의 적절성
- 분석 기준 : 속성명의 적절성
- 분석 기준 상세 : 의미가 명확한 속성 명칭이 적절히 부여되었는가

2) 속성 정의 미흡

속성은 엔터티에서 관리되는 구체적인 정보 항목으로 속성이 관리하는 것이 무엇인지를 명확하게 정의해야 하는데 그 내용을 기술하지 않은 사례이다. 해당 사례의 속성 정의 충실도는 19% 수준이다.

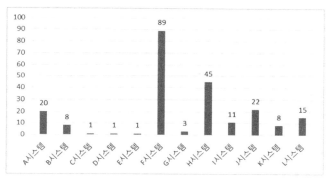

[그림 2-40]

속성 정의 충실도 계산식은 (속성 정의가 기술된 속성수 / 전체 속성수) * 100 이다. 속성명과 동일하게 속성 정의를 기술한 경우는 충실도에서 제외하여 계산한다.

[분석 기준]

- 분석 관점 : 속성의 적절성
- 분석 기준 : 속성 정의의 적절성
- 분석 기준 상세 : 속성 정의를 충실히 기술하였는가

3) 정규화 여부

정규화 작업은 관계형 데이터베이스의 개념이지만 그 원칙은 데이터 모델링에도 적용된다. 정규화 단계별 규칙을 적용하여 중복을 제거하고 식별자에 완전히 종속인 속성으로 구성하여 정규화된 데이터베이스를 설계한다.

가) 제1정규형 위배

모든 속성은 반드시 하나의 값(Atomic Value)을 가져야 한다. 즉, 반복그룹(Repeating Group) 속성을 제거해야 하는데 다음은 반복 그룹이 존재하는 사례이다.

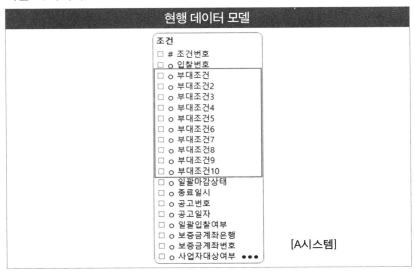

[그림 2-41]

[현황 분석]

- 속성의 반복그룹이 존재함
  - 부대조건1~부대조건10까지의 반복그룹이 존재

[개선 방안]

- 제1정규형(1NF)으로 정규화

[분석 기준]

- 분석 관점 : 속성의 적절성
- 분석 기준 : 정규화 여부
- 분석 기준 상세 : 제1정규화(1NF)를 수행하였는가

나) 제2정규형 위배

제1정규형을 충족하고 모든 속성은 반드시 기본키에 종속되어야 한다. 즉, 완전 함수적 종속(Full Functional Dependency)이어야 하는데 부분 함수적 종속(Partial Functional Dependency)이 존재하는 사례이다.

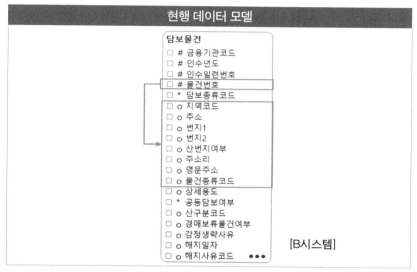

[그림 2-42]

[현황 분석]

> • 담보물건 엔터티는 금융기관코드+인수년도+인수일련번호+물건번호로 식별자를 구성함
> - 지역코드, 주소, 번지 등은 물건번호에만 종속성을 가짐

기본 키에 완전히 종속되지 않고 부분적으로 종속성을 가질 때 중복이 발생하는 예는 다음과 같다.

금융기관코드	인수년도	인수일련번호	물건번호	담보종류코드	지역코드	주소	번지1	번지2
A은행	2020	1	1000	10	10	서울시 영등포구 여의도동	2	
B은행	2021	1	1000	10	10	서울시 영등포구 여의도동	2	
C은행	2022	1	1000	10	10	서울시 영등포구 여의도동	2	
D은행	2023	1	1000	10	10	서울시 영등포구 여의도동	2	
A은행	2021	1	1001	20	10	서울시 영등포구 여의도동	3	

[그림 2-43]

[개선 방안]

- 제2정규형(2NF)으로 정규화

[분석 기준]

- 분석 관점 : 속성의 적절성
- 분석 기준 : 정규화 여부
- 분석 기준 상세 : 제2정규화(2NF)를 수행하였는가

다) 제3정규형 위배

제2정규형을 충족하고 기본키가 아닌 속성 간에는 서로 종속될 수 없다. 속성 간의 종속성을 배제한다. 다음은 이행 함수적 종속(Transitive Functional Dependency)이 존재하는 사례이다.

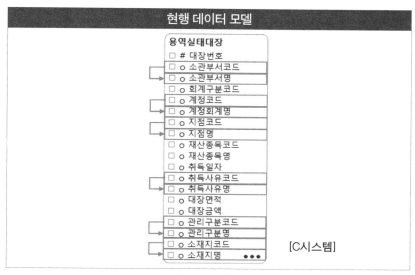

현행 데이터 모델

용역실태대장
- □ # 대장번호
- □ o 소관부서코드
- □ o 소관부서명
- □ o 회계구분코드
- □ o 계정코드
- □ o 계정회계명
- □ o 지점코드
- □ o 지점명
- □ o 재산종목코드
- □ o 재산종목명
- □ o 취득일자
- □ o 취득사유코드
- □ o 취득사유명
- □ o 대장면적
- □ o 대장금액
- □ o 관리구분코드
- □ o 관리구분명
- □ o 소재지코드
- □ o 소재지명 **●●●**

[C시스템]

[그림 2-44]

[현황 분석]

- 식별자가 아닌 일반 속성 간에 종속성이 존재함
  - 소관부서코드, 계정코드, 지점코드 및 취득사유코드 등이 이에 해당함

[개선 방안]

- 제3정규형(3NF)으로 정규화

[분석 기준]

- 분석 관점 : 속성의 적절성
- 분석 기준 : 정규화 여부
- 분석 기준 상세 : 제3정규화(3NF)를 수행하였는가

데이터 모델 분석 기준에 따른 분석 관점, 분석 현황 및 시사점 요약은 다음과 같다.

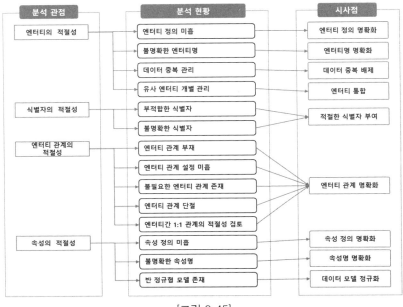

[그림 2-45]

4.3.5 유사 시스템 간 비교 분석

유사 시스템 간 통합을 고려한 비교 분석 사례이다. 유사 시스템이란 동일 또는 유사 업무를 별도의 시스템으로 관리하는 경우에 해당한다. 하나의 회사에서 보통 시스템 단위로 개발을 진행하는데 동일·유사 업무임에도 불구하고 별도의 단위 시스템으로 생성되어 관리되는 경우가 존재한다. 또는 다른 회사 간의 인수·합병에 의해 시스템 통합하는 경우도 있다. 규모의 차이는 존재하지만 시스템 간 비교 분석을 통한 통합 작업은 대부분 진행 형태가 비슷하다. 유사 시스템 간 비교 분석 과정은 다음과 같다.

첫째, 단위 시스템이 다수인 경우 유사 시스템인지 아닌지를 파악하여 유사 시스템을 그룹핑한다. 그룹핑된 단위 시스템 간의 비교 분석이 이루어진다.

둘째, 그룹핑된 단위 시스템 또는 인수·합병된 시스템 간의 업무 레벨을 파악한다. 예를 들어 고객, 계약 및 거래 등의 업무 레벨이 존재한다.

셋째, 업무 레벨별로 시스템 간 주요 엔터티를 비교 분석한다. 동일 업무라 할지라도 기업마다 관리 레벨이 다르기 때문에 엔터티 간 비교 분석에는 많은 어려움이 발생한다. 다음 예제는 위에서 언급했던 고객 관련 엔터티를 다른 형태로 비교한 사례이다.

[그림 2-46]

위와 같은 형태로 업무 레벨별로 비교 분석을 수행하고 통합 방안을 수립한다.

5. 신규 업무 요건 분석 및 주요 이슈 도출

지금까지 현행 데이터 모델에 집중하여 모델을 분석하고 현재의 모습을 정확하게 나타내려고 했다면 지금부터는 현행 데이터 모델의 개선 방안과 신규 업무 요건을 반영하고 진행 중에 발생하는 추가적인 이슈들을 해결하여 최종 목표 데이터 모델을 만든다.

신규 업무 요건은 주로 제안요청서(RFP) 상에 정의되고 현업 인터뷰를 통해 추가·변경된다. 분석 단계 등의 특정 시점까지 요청된 요구사항을 수용하고 목표 데이터 모델에 반영한다.

신규 업무 요건은 레벨이 다를 수 있으므로 각각의 요건에 대해 해결 방안 및 목표 데이터 모델에 반영한 결과를 관리한다. 사실상 신규 업무 요건은 프로젝트 초기부터 중점적으로 검토해야 하며 현행 데이터 모델링과 병행해서 진행하여 목표 데이터 모델링 시에 반영해야 한다.

아래 양식은 신규 요구사항에 대한 목표 데이터 모델 반영여부 및 반영결과를 기술한 예제이다. 요구사항을 반영하는 경우는 문제가 없지만 미반영이라면 미반영 사유(반영하지 않은 이유)가 기술되어야 하고 고객사와의 협의가 이루어져야 한다. 또한, 부분반영인 경우도 반영한 부분과 반영하지 않은 사유를 반드시 기술해야 한다.

번호	업무영역	요구사항	반영결과	반영여부	비고
1	학적			반영	
2	교과목			부분반영	부분반영 사유
3	수강			미반영	미 반영 사유
4					

6. 목표 데이터 모델링

목표 데이터 모델링은 현행 데이터 모델링 분석 결과에 따라 개선 방안을 적용하고 신규 업무 요건을 반영하며 이슈 사항들을 해결하여 최적의 목표 데이터 모델을 만드는 작업이다.

6.1 주제영역 정의

데이터의 최상위 집합으로써 상위 수준에서 데이터를 분류한 결과를 주제영역이라고 부른다. 주제영역 간의 관계를 도식화한 것을 개괄 데이터 모델이라고 한다.

주제영역은 동질성이 있는 데이터의 집합으로 데이터 집합 간의 친밀도가 높다. 또한 주제영역은 데이터 구성에 대한 청사진을 제시한다. 데이터아키텍처 프레임워크(계층 구조)상에서 최상위 계층인 개괄 데이터 모델은 데이터의 최상위 집합으로써 건축물의 조감도에 해당하며 데이터 전체를 조망한다.

6.1.1 주제영역 정의 절차

주제영역 정의 절차는 다음과 같다.

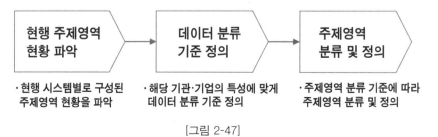

[그림 2-47]

1) 현행 주제영역 현황 파악

수집된 문서로 현행 주제영역 및 데이터 분류 기준 등을 파악한다. 정보화 전략 계획(ISP) 수행 보고서 등에 해당 내용이 존재할 수 있으므로 관련 자료를 수집 및 취합하여 분석한다.

2) 데이터 분류 기준 정의

수집된 데이터 분류 기준과 다음 페이지에 나오는 주제영역 작성 기준 등을 고려하여 해당 기업·기관에 맞는 데이터 분류 기준을 정의한다.

3) 주제영역 분류 및 정의

주제영역 분류 기준에 따라 주제영역을 분류하고 정의한다. 필요시 현행 시스템의 주제영역과 신규로 작성된 주제영역 간의 매핑을 작성한다. 신·구 주제영역을 매핑함으로써 기존 주제영역이 어떻게 변경되었는지 이해하는 데 도움이 된다.

6.1.2 주제영역 작성 기준

주제영역의 작성 기준은 데이터 관점의 분류 측면, 개별성격의 영역 측면, 주제영역 간 균형 측면 및 주제영역 간 관계 측면으로 구성된다.

구분	작성 기준
데이터 관점의 분류 측면	• 업무를 발생시키는 주체, 대상 및 행위 등 데이터 관점에서 데이터를 생성시키고 사용하는 유형에 근거하여 주제영역 설정 • 현재 시스템 모습과 상관없이 통합적인 관점에서 동일한 유형의 데이터를 하나의 주제영역으로 설정 • 동일한 기능이 중복해서 정의되지 않도록 주제영역 설정
개별성격의 영역 측면	• 독립적인 업무 영역이나 시스템의 성격이 강한 경우 하나의 주제영역으로 설정 　- 예시 : 경영지원, 업무지원공통 등 • 개별성격의 영역 측면에서 정의한 주제영역은 데이터 관점의 분류 측면의 주제영역에 포함되지 않도록 함
주제영역 간 균형 측면	• 주제영역은 전체적인 균형을 유지하도록 설정 　- 특정 부분을 상세하게 분류하거나 개략적으로 분류하지 않도록 설정
주제영역 간 관계 측면	• 주제영역 간 관계 설정은 관련성이 높은 영역 간에 관계를 설정 • 개괄 데이터 모델의 측면

6.1.3 주제영역 예시

다음은 주제영역 분류 및 정의 작성 예시이다.

주제영역 (L1)	주제영역 (L2)	정의
고객		고객 영역은 A기관과 관련된 개인, 기업 및 금융기관 등 행위 주체를 관리하는 영역
	개인	고객 영역 중 개인 영역은 개인과 관련된 정보를 관리하는 영역
	사업자	고객 영역 중 사업자 영역은 기업 및 금융 기관 등의 정보를 관리하는 영역
물건		물건 영역은 A기관이 보유중인 물건의 기본 정보를 관리하는 영역
	부동산	물건 영역 중 부동산 영역은 A기관이 보유중인 부동산의 기본 정보를 관리하는 영역
	동산	물건 영역 중 동산 영역은 A기관이 보유중인 동산의 기본 정보를 관리하는 영역
・ ・ ・		

6.2 목표 개념 데이터 모델링

목표 개념 데이터 모델은 향후 데이터 모델의 골격에 해당하는 데이터의 핵심 구조를 정의하는 작업으로써 시스템별로 작성된 현행 개념 데이터 모델을 통합하여 하나의 목표 개념 데이터 모델을 생성한다. 목표 개념 데이터 모델을 작성함으로써 미래 지향적이고 통합적인 데이터 구조의 방향성을 제시한다. 현행 개념 데이터 모델은 현행 논리 데이터 모델을 이해하기 위한 데이터의 골격을 구성하는 측면에서 작성되는 반면, 목표 개념 데이터 모델은 기존 데이터 모델을 통합하고 새로운 방향을 제시하는 관점에서 진행한다.

6.2.1 목표 개념 데이터 모델링 수행 절차

목표 개념 데이터 모델링의 수행 절차는 다음과 같다.

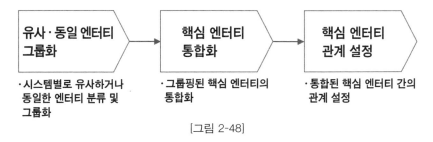

[그림 2-48]

1) 유사 · 동일 엔터티 그룹화

현행 개념 데이터 모델에서 동일하거나 유사한 핵심 엔터티를 분류하고 그룹핑한다. 핵심 엔터티의 그룹핑은 데이터 발생의 주체나 목적물인 키 엔터티부터 시작하여 메인 엔터티 및 행위 엔터티 순으로 진행한다.

2) 핵심 엔터티 통합화

현행 개념 데이터 모델에서 동일하거나 유사한 핵심 엔터티를 분류하고 그룹핑하여 도출한 핵심 엔터티를 통합하고 필요시 서브타입으로 표현하여 엔터티를 명확하게 표현한다.

통합시 현행 개념 데이터 모델의 식별자를 검토하여 통합 엔터티에 최적의 식별자를 정의한다. 최종 목표 개념 데이터 모델에서 정의한 식별자는 뒤에 진행하는 목표 데이터 모델링에서 중요한 요소로써 영향력이 크므로 다각도로 검토 후 신중히 정의해야 한다.

3) 핵심 엔터티 관계 설정

통합된 핵심 엔터티 간의 관계를 설정하여 데이터 모델의 골격에 해당하는 핵심 구조를 정의한다.

6.2.2 목표 개념 데이터 모델링 예제

다음은 3개의 현행 시스템이 존재하고 이를 하나의 목표 시스템으로 구성하는 예제이다. 첫째, '현행 시스템1'의 개념 데이터 모델이 고객 엔터티, 고객상세 엔터티 및 계약 엔터티로 구성되었다고 가정하자.

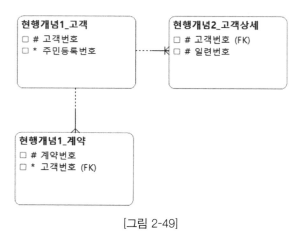

[그림 2-49]

둘째, '현행 시스템2'의 개념 데이터 모델은 고객 엔터티와 계약 엔터티로 구성되었다고 가정하자.

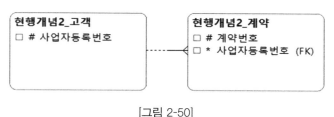

[그림 2-50]

셋째, '현행 시스템3'의 개념 데이터 모델은 고객 엔터티와 고객상세 엔터티로 구성되었다고 가정하자.

[그림 2-51]

3개의 현행 개념 데이터 모델에서 유사·동일 엔터티를 그룹화하고 엔터티를 통합하여 관계를 설정한 목표 개념 모델의 모습은 다음과 같다.

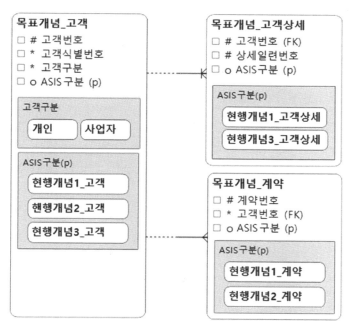

[그림 2-52]

먼저, 3개의 현행 시스템에서 고객 엔터티를 통합하여 하나의 고객 엔터티로 구성한다. 고객 엔터티의 식별자는 '현행 시스템1'의 고객번호를 기준으로 부여한다.

'현행 시스템2'의 고객 엔터티는 사업자등록번호가 식별자이므로 고객번호를 신규로 부여하고 사업자등록번호는 고객식별번호로 매핑한다.

'현행 시스템3'의 고객 엔터티는 고객ID가 식별자인데 사업자등록번호를 관리하므로 '현행 시스템2'와 비교한다. 즉, '현행 시스템2'의 고객 엔터티의 사업자등록번호와 비교하여 존재하면 '현행 시스템2'에서 부여한 고객번호를 매핑하고 없는 건은 신규로 부여하고 고객ID와 매핑한다.

중요한 것은 사업자등록번호 등 동일한 본질 식별자의 경우 다른 시스템에서 통합하더라도 동일한 ID가 부여되어야 한다는 것이다.

둘째, 계약 엔터티를 통합하여 하나의 계약 엔터티로 구성한다. 계약 엔터티의 식별자는 '현행 시스템1'의 계약번호를 기준으로 부여한다.

'현행 시스템2'의 계약번호는 '현행 시스템1'의 계약번호와 동일한지 확인하고 동일하다면 신규로 부여하고 하위 엔터티의 계약번호를 신규로 부여한 계약번호로 변경해야 하고 다르다면 그대로 적용해도 무방하다. 즉, '현행 시스템1'의 계약번호와 '현행 시스템2'의 계약번호가 동일하다는 것은 다른 시스템에서의 다른 계약인데 동일하게 부여된 것이므로 통합하면 다르게 부여해야 한다.

셋째, 고객상세 엔터티를 통합하여 하나의 고객상세 엔터티로 구성한다. 고객상세 엔터티의 식별자는 '고객번호 + 상세일련번호'로 구성한다.

식별자를 기준으로 SEQ를 부여하는 경우 '일련번호'로 명명한다는 표준지침이 있다고 가정한다.

목표 데이터 모델이 완성되면 현행 데이터 모델을 어떻게 이행할지 매핑

해야 하는데 실제로는 개념 데이터 모델 보다는 논리/물리 데이터 모델을 매핑한다. 다음은 개념 데이터 모델 매핑 내역 예시이다.

| TOBE | | ASIS | | | 매핑 규칙 | 비고 |
엔터티	속성	시스템명	엔터티	속성		
목표개념_고객	고객번호	현행_시스템1	현행개념1_고객	고객번호		
목표개념_고객	고객식별번호	현행_시스템1	현행개념1_고객	주민등록번호		
목표개념_고객	고객구분	현행_시스템1			개인	
목표개념_고객	고객번호	현행_시스템2			사업자등록번호에 의한 고객번호 신규 부여	
목표개념_고객	고객식별번호	현행_시스템2	현행개념2_고객	사업자등록번호		
목표개념_고객	고객구분	현행_시스템2			사업자	
목표개념_고객	고객번호	현행_시스템3	현행개념3_고객	고객ID	고객ID에 의한 고객번호 매핑 (현행시스템2의 사업자등록번호 비교)	
목표개념_고객	고객식별번호	현행_시스템3	현행개념3_고객	사업자등록번호		
목표개념_고객	고객구분	현행_시스템3			사업자	
목표개념_계약	계약번호	현행_시스템1	현행개념1_계약	계약번호		
목표개념_계약	고객번호	현행_시스템1	현행개념1_계약	고객번호		
목표개념_계약	계약번호	현행_시스템2	현행개념2_계약	계약번호		
목표개념_계약	고객번호	현행_시스템2	현행개념2_계약	사업자등록번호	사업자등록번호에 의한 신규 부여한 고객번호 매핑	
목표개념_고객상세	고객번호	현행_시스템1	현행개념1_고객상세	고객번호		
목표개념_고객상세	힐런번호	현행_시스템1	현행개념1_고객상세	힐런번호		
목표개념_고객상세	고객번호	현행_시스템3	현행개념3_고객상세	고객ID	고객ID에 의한 고객번호 매핑	
목표개념_고객상세	힐런번호	현행_시스템3	현행개념3_고객상세	순번		

[그림 2-53]

6.3 목표 논리 데이터 모델링

현행 개념 데이터 모델을 통합하여 미래 지향적이고 통합적인 데이터의 핵심 구조를 정의한 목표 개념 데이터 모델을 작성한다. 현행 데이터 모델의 개선 방안을 반영하고 신규 요건을 반영하며 이슈 사항을 해소한 목표 논리 데이터 모델링을 수행한다.

목표 논리 데이터 모델링을 진행하는 과정은 『데이터 모델링 실전처럼 시작하기』(박종원 저)의 '3장 논리 데이터 모델링'을 참고하여 진행한다. 『데이터 모델링 실전처럼 시작하기』3장의 논리 데이터 모델링과 여기서 말하는 목표 논리 데이터 모델링은 같다. 차이가 있다면 시작점이 다르다. 즉, 현행 논리/개념 데이터 모델이 존재하고 목표 개념 데이터 모델이 존재하여 데이터 구조의 방향성을 정의하였느냐의 차이점이 있을 뿐이다. 다시 말해서 업무 요건을 보고 엔터티, 관계 및 속성을 새롭게 정의해가는 과정(『데이터 모델링 실전처럼 시작하기』3장의 논리 데이터 모델링)과 현행 논리 데이터 모델이 존재하고 개선하고 통합해 가는 과정(『데이터 모델링 실전으로 도약하기』)이 다른 것이다.

1편에서 언급했던 데이터 모델링 시 중요 요소를 항상 염두에 두고 데이터 모델링을 진행하자. 즉, 데이터 중복(Redundancy) 배제, 데이터 유연성(Flexibility) 확보 및 데이터 일관성(Consistency) 유지이다.

또한, 논리 데이터 모델링 시 기술했던 내용 중 핵심 포인트를 상기하자. 엔터티 확정시의 고려사항, 식별자 부여 기준, 관계의 형태 및 속성 확정과 검증 등이다.

다음은 엔터티 확정 시 고려사항이다.

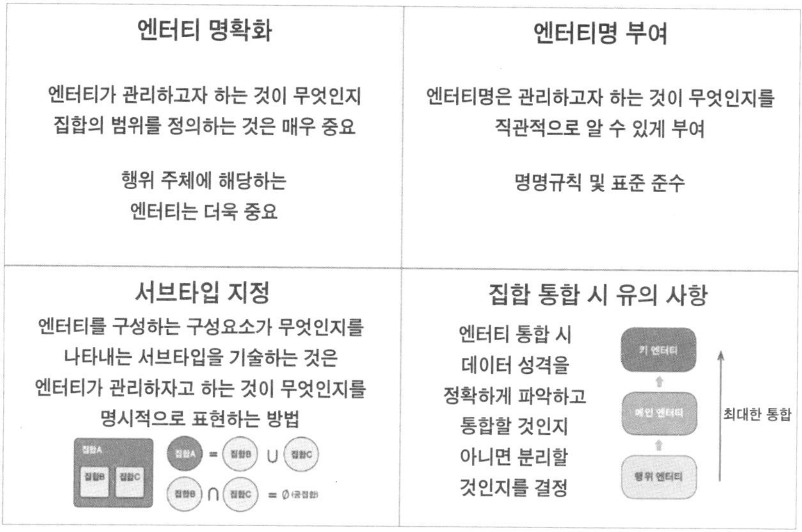
엔터티 명확화
엔터티가 관리하고자 하는 것이 무엇인지
집합의 범위를 정의하는 것은 매우 중요
행위 주체에 해당하는
엔터티는 더욱 중요
엔터티명 부여
엔터티명은 관리하고자 하는 것이 무엇인지를
직관적으로 알 수 있게 부여
명명규칙 및 표준 준수
서브타입 지정
엔터티를 구성하는 구성요소가 무엇인지를
나타내는 서브타입을 기술하는 것은
엔터티가 관리하자고 하는 것이 무엇인지를
명시적으로 표현하는 방법
집합A
집합B
집합C
집합 통합 시 유의 사항
엔터티 통합 시
데이터 성격을
정확하게 파악하고
통합할 것인지
아니면 분리할
것인지를 결정
키 엔터티
메인 엔터티
행위 엔터티
최대한 통합

[그림 2-54]

식별자 부여기준을 참고한다.

키 엔터티(Key Entity)	메인 엔터티(Main Entity)	행위 엔터티(Action Entity)
➢ 행위의 주체 또는 목적물이며 주로 하나의 속성으로 식별자 부여 ➢ 이미 사전에 정의된 유일값이 존재하기도 함(주민등록번호 등) ➢ 목적물은 행위 주체의 대상이 되는 것으로써 상품이나 물건 등이 해당 ➢ 주로 새롭게 부여	➢ 업무의 중심(메인)이 되는 엔터티로써 식별자를 하나의 속성으로 새롭게 부여 ➢ 필요시 키 엔터티를 상속받고 속성을 추가 ➢ 위의 판단 기준은 ✓ 자식(손자)이 얼마나 많은지 즉, 업무적으로 행위 엔터티가 얼마나 복잡한지 ✓ 키 엔터티의 식별자가 행위 엔터티에서 필요한 지	➢ 업무를 수행하여 발생하는 데이터를 관리함 ➢ 부모의 식별자를 상속받아 구성 ➢ 새롭게 식별자를 부여할 수 있으나 데이터 발생 규칙 등 신중한 검토가 필요 ➢ 육하원칙(6W1H)에 따라 어떻게 데이터가 발생하는지 파악 필요

[그림 2-55]

관계의 형태를 참고한다.

1:1 관계	1:M 관계	M:N 관계
➢ 엔터티 간의 관계에서 양쪽 모두 1집합의 형태 ➢ 필수 - 필수 관계 ➢ 필수 - 선택 관계	➢ 엔터티 간의 관계에서 한쪽 방향은 1집합이고 다른 쪽 방향은 M집합의 형태 ➢ 가장 일반적이고 보편적인 형태	➢ 양쪽 방향 모두 M집합인 형태 ➢ 단계적으로 1:M 및 M:1 형태로 M:M 관계를 해소해야 함

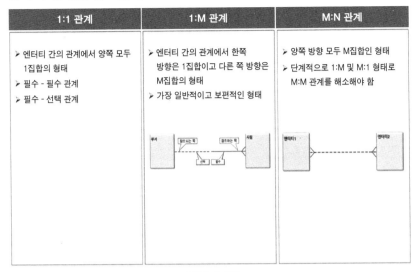

[그림 2-56]

속성 확정 및 검증을 참고한다.

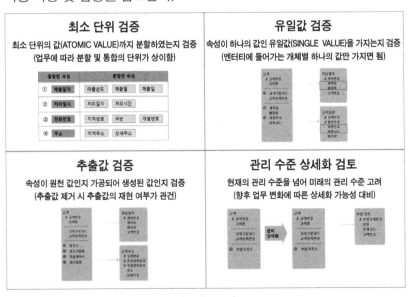

[그림 2-57]

속성 확정시 고려사항이다.

속성명 부여	도메인	NULL 여부
➤ 속성명은 의미가 명확하게 명칭을 부여해야 함 ➤ 모호한 명칭이나 지나친 약어는 지양 ➤ 관련자간 의미가 명확하게 통용될 수 있는 명칭 사용 ➤ 속성 명명 규칙 준수	➤ 속성에서 허용 가능한 값의 범위를 지정하기 위한 제약조건 ➤ 데이터 표준화를 통해 도메인 및 코드 표준화를 수행하여 속성에서 허용 가능한 값의 범위를 지정 ➤ 해당 속성이 코드인 경우 표준화된 코드를 적용하여 유사하거나 동일한 코드가 난립하는 문제를 사전에 해소	➤ 해당 속성이 반드시 값을 가져야 하는지 여부를 나타냄 ➤ 해당 속성이 NOT NULL인 경우 데이터 입력 시 해당 속성의 값이 입력되어야 함을 의미

[그림 2-58]

3장

데이터 모델링
실전으로
도약하기

1. 개요

앞 장에서 리버스 모델링, 현행 논리/개념 데이터 모델링, 테이블 분석/개선 방안 수립 및 목표 개념/논리 데이터 모델링에 관한 내용과 사례를 알아보았다. 해당 사례들이 각각 다른 업무로 예제가 기술되어 문서 간에 연관성이 없고 진행 과정을 전체적으로 이해하는 데 어려움이 있으리라 생각된다.

그러나 특정 기업·기관에서 수행한 프로젝트 산출물을 이 책에 그대로 기술할 수는 없다. 왜냐하면 해당 산출물은 해당 기업·기관의 자산이고 보안 문서로써 외부에서는 열리지도 않을뿐더러 프로젝트 종료 시 PC를 포맷하여 외부로 반출도 가능하지 않다.

그래서 인터넷상에 공유되어 누구나 볼 수 있는 업무로 실제 프로젝트를 진행하는 것처럼 전개하여 설명하고자 한다. 실제 프로젝트처럼 단계별로 진행하면서 산출물 또는 작업 문서 등의 결과물을 제시하였다. 데이터 모델링의 진행 과정뿐만 아니라 관련하여 작성되는 산출물 또는 작업 문서를 이해하는 데 많은 도움이 되리라 생각한다.

프로젝트로 사용할 인터넷상의 업무는 신용정보의 이용 및 보호에 관한 법률(약칭 신용정보법)에서 일부를 선별하여 진행하였다. 즉, 신용정보법에 근거하여 마이데이터 사업자가 정보제공 API(Application Programming Interface)를 통해 각 금융기관에 흩어져 있는 개인의 금융 정보를 일괄 수집하여 고객이 알기 쉽게 통합하여 제공하고자 데이터를 구축하는 경우를 가정해서 기술하고자 한다.

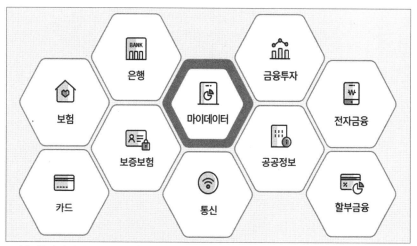

[출처] 마이데이터 종합포탈(https://www.mydatacenter.or.kr:3441/myd/intro/sub2.do)

[그림 3-1]

정보제공 API란 고객의 개인신용정보(은행, 보험, 카드, 금융투자, 전자
금융 등) 전송 요구에 의거, 정보제공자가 마이데이터 사업자에게 개인
신용정보를 전송하는 데 필요한 API이다.

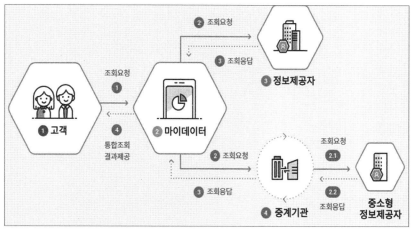

[출처] 마이데이터 종합포탈(https://www.mydatacenter.or.kr:3441/myd/mydapi/sub3.do)

[그림 3-2]

해당 API는 여러 번 버전업되어 업권(업무 권역)에 따라 v2도 존재하나, 본 저서에서는 v1을 기준으로 설명하고자 한다. 참조 문서는 '(수정게시) 금융분야 마이데이터 표준 API 규격 v1.pdf' 이고 아래 출처에서 해당 문서를 다운로드하여 열람할 수 있다. (아래 QR코드를 스캔하면 바로 아래 링크로 연결됩니다)

[출처] 마이데이터 종합포탈 - 금융분야 마이데이터 표준API 규격 및 통합인증 규격 배포 (v1, Freezing 버전)
https://www.mydatacenter.or.kr:3441/myd/bbsctt/normal1/normal/bcb8ef3a-3c8a-4f73-b315-0f60f0871a8e/25/bbsctt.do

2. 시나리오 및 전제조건

금융분야 마이데이터 표준 API 규격 v1은 공통(전 업권 또는 일부 업권), 은행 업권, 카드 업권, 금융투자 업권, 보험 업권, 전자금융 업권, 할부금융 업권, 보증보험 업권, 통신 업권 및 P2P 업권을 정의하고 있다. ('업권'은 '업무 권역'의 약자) 금융분야 마이데이터 표준 API 규격에는 요청메시지 명세와 응답메시지 명세가 상세히 정의되어 있다. 다음은 금융분야 마이데이터 표준 API 규격 문서의 형식인데 은행-001 API의 요청·응답 메시지를 예로 표시하였다. 은행-001 API의 요청 메시지는 다음과 같다.

HTTP	항목명	항목설명	필수	타입(길이)	설명 (비고)
Header	Authorization	접근토큰	Y	aNS (1500)	발급된 접근토큰 • 접근토큰 유형(Bearer)을 명시 예) Authorization: Bearer 접근토큰
	x-api-tran-id	거래고유번호	Y	AN (25)	거래고유번호 (첨부14 참조)
	x-api-type	API 유형	Y	aNS (12)	정기적/비정기적 전송 API 유형 (2.1-② 및 3.3 참조)
Parameter	org_code	기관코드	Y	aN (10)	정보제공자 기관코드 • 지원 API로부터 배포
	search_timestamp	조회 타임스탬프	N	N (14)	가장 최근 조회한 시간 (이전 API 호출 시 정보제공자가 회신한 값을 저장하고 있다가 다음 API 호출 시 그 값을 그대로 세팅하여 전송, 최초 API 호출시에는 0으로 세팅) • 2.1-② 참조 • next_page가 세팅된 경우 요청에서 제외
	next_page	다음 페이지 기준개체	N	aNS (1000)	다음 페이지 요청을 위한 기준개체 (설정 시 해당 개체 후 limit 개 반환) 처음 API 호출 시에는 해당 정보를 세팅하지 않으며, 다음 페이지 요청 시 직전 조회의 응답에서 얻은 기준개체를 그대로 세팅 • 2.1-② 페이지네이션 참조
	limit	최대조회갯수	Y	N (3)	기준개체 이후 반환될 개체의 개수 • 최대 500까지 설정 가능 • 2.1-② 페이지네이션 참조

[그림 3-3]

은행-001 API의 응답 메시지는 아래와 같다.

HTTP	항목명	항목설명	필수	타입(길이)	설명 (비고)
Header	x-api-tran-id	거래고유번호	Y	AN (25)	거래고유번호 (첨부14 참조)
Body	rsp_code	세부 응답코드	Y	aN (5)	
	rsp_msg	세부 응답메시지	Y	AH (450)	
	search_timestamp	조회 타임스탬프	N	N (14)	API 처리 시점의 현재시각을 설정하여 회신. 다만 정보제공자는 Timestamp 로직을 의무적으로 구현할 필요가 없으며(선택사항), Timestamp 로직 미제공 시에는 항상 0을 회신 또는 미회신 • 2.1-② 참조
	reg_date	고객정보 최초생성일	Y	DATE	해당 금융기관에서 최초로 고객번호를 채번한 날짜(CRM 최초등록일) 또는 고객원장이 있는 가장 빠른 일자 • 최초로 고객 레코드를 생성했다고 판단하는 날짜
	next_page	다음 페이지 기준개체	N	aNS (1000)	다음 페이지 요청을 위한 기준개체 (다음 페이지 존재하지 않는 경우(마지막 페이지), 미회신) • 2.1-② 페이지네이션 참조
	account_cnt	보유계좌수	Y	N (3)	
	account_list	보유계좌목록	Y	Object	
	-- account_num	계좌번호	Y	aN (20)	금융회사에서 고객이 이용하는 상품 또는 서비스에 부여하는 식별번호 (전체 자릿수) • "-" 제외
	-- is_consent	전송요구 여부	Y	Boolean	정보주체가 해당 자산(계좌번호)에 대해 개인신용정보 전송요구를 했는지 여부
	-- seqno	회차번호	N	aN (7)	동일 계좌번호 내에서 회차별 특성이 상이한 상품(중소기업채권 등 채권류 상품 등에 적용)의 경우 회차 번호 (이 경우 PK는 계좌번호와 회차번호가 됨) • 동일계좌번호라 하더라도 회차번호에 따라 별도의 복수개의 계좌로 관리하는 기관(기업은행, 산업은행 등)만 회신 • 계좌번호만으로 PK처리가 가능한 경우, 회신하면 안됨
	-- is_foreign_deposit	외화계좌여부	N	Boolean	해당 수신계좌가 외화계좌인지 여부 • 외화계좌(true)일 경우, 해당 계좌의 통화코드는 기본정보(은행-002), 추가정보(은행-003) API를 통해 확인 가능 • 수신계좌가 아닌경우는 미회신
	-- prod_name	상품명	Y	AH (300)	해당 계좌의 상품명
	-- is_minus	마이너스약정 여부	N	Boolean	해당 수신계좌와 연결된 마이너스대출 약정 보유 여부 • 수신계좌가 아닌경우는 미회신
	-- account_type	계좌구분 (코드)	Y	aN (4)	계좌번호 별 구분 코드 • [첨부3] 계좌번호 별 구분 코드
	-- account_status	계좌상태 (코드)	Y	aN (2)	계좌번호 별 상태 코드 • [첨부3] 계좌번호 별 구분 코드

[그림 3-4]

이와 같은 은행-001 API의 요청메시지와 응답메시지를 기준으로 인터페이스를 위한 항목(접근토큰, 거래고유번호, API유형 등)은 제외하고 데이터 항목만을 포함하는 테이블을 생성했다고 가정한다.

다음은 은행-001 API의 요청메시지와 응답메시지에서 데이터 항목만을 추출한 은행-001 테이블의 컬럼 목록이다.

TABLE_NAME	TBL_COMMENT	COLUMN_NAME	COL_COMMENT	DATA_TY	NULLABLE
MYD_BA01	은행-001	ORG_CODE	기관코드	VARCHAR2(10)	N
MYD_BA01	은행-001	ACCOUNT_NUM	계좌번호	VARCHAR2(20)	N
MYD_BA01	은행-001	SEQNO	회차번호	VARCHAR2(7)	N
MYD_BA01	은행-001	CUST_NO	고객번호	VARCHAR2(10)	Y
MYD_BA01	은행-001	REG_DATE	고객정보최초생성일	DATE	Y
MYD_BA01	은행-001	IS_CONSENT	전송요구 여부	VARCHAR2(1)	Y
MYD_BA01	은행-001	IS_FOREIGN_DEPOSIT	외화계좌여부	VARCHAR2(1)	Y
MYD_BA01	은행-001	PROD_NAME	상품명	VARCHAR2(400)	Y
MYD_BA01	은행-001	IS_MINUS	마이너스약정여부	VARCHAR2(1)	Y
MYD_BA01	은행-001	ACCOUNT_TYPE	계좌구분 (코드)	VARCHAR2(4)	Y
MYD_BA01	은행-001	ACCOUNT_STATUS	계좌상태 (코드)	VARCHAR2(2)	Y

[그림 3-5]

이 책에서는 4개(은행, 금융투자, 할부금융, 보험)의 업권으로 시스템을 구축했다고 가정하고 이 시스템이 현행 시스템이라고 전제한다. 이 책에서 대상으로 하는 4개의 업권의 API 목록은 다음과 같다.

API ID	API 명
은행-001	계좌 목록 조회
은행-002	수신계좌 기본정보 조회
은행-003	수신계좌 추가정보 조회
은행-004	수신계좌 거래내역 조회
은행-005	투자상품계좌 기본정보 조회
은행-006	투자상품계좌 추가정보 조회
은행-007	투자상품계좌 거래내역 조회
은행-008	대출상품계좌 기본정보 조회
은행-009	대출상품계좌 추가정보 조회

(다음 페이지에 계속)

API ID	API 명
은행-010	대출상품계좌 거래내역 조회
금투-001	계좌 목록 조회
금투-002	계좌 기본정보 조회
금투-003	계좌 거래내역 조회
금투-004	계좌 상품정보 조회
금투-005	연금 계좌의 추가정보 조회
할부금융-001	계좌 목록 조회
할부금융-002	대출상품계좌 기본정보 조회
할부금융-003	대출상품계좌 추가정보 조회
할부금융-004	대출상품계좌 거래내역 조회
할부금융-005	운용리스 기본정보 조회
할부금융-006	운용리스 거래내역 조회
보험-001	보험 목록 조회
보험-002	보험 기본정보 조회
보험-003	보험 특약정보 조회
보험-004	자동차보험 정보 조회
보험-005	보험 납입정보 조회
보험-006	보험 거래내역 조회
보험-007	자동차보험 거래내역 조회
보험-008	대출상품 목록 조회
보험-009	대출상품 기본정보 조회
보험-010	대출상품 추가정보 조회
보험-011	대출상품 거래내역 조회
보험-012	보험 보장정보 조회

위와 같이 4개의 업권으로 구축된 현행 시스템으로부터 리버스 모델링, 현행 논리·개념 데이터 모델링 및 목표 개념·논리 데이터 모델링을 수

행해서 각각의 데이터 모델을 생성하는 과정을 알아보자. 현행 시스템은 현행 데이터 모델(ERD)은 없고 테이블·컬럼 목록(엑셀)만 존재한다고 가정한다. 따라서, 리버스 작업은 엑셀을 이용해서 수행한다.

또한, 신규 요건으로 1개의 업권(보증보험)이 추가된다고 가정한다.

즉, 목표 데이터 모델링시 보증보험 업무를 신규 요건으로 적용해서 최종 데이터 모델을 작성하는 과정도 포함하여 설명하겠다. 신규 요건에 해당하는 보증보험 업권의 API는 다음과 같다.

API ID	API 명
보증보험-001	보증보험 목록 조회
보증보험-002	보증보험 기본정보 조회
보증보험-003	보증보험 거래내역 조회

시나리오 및 전제조건을 정리하면 다음과 같다.

[대상 업권 현황]

- 현행 시스템 대상 업권 - 은행, 금융투자, 할부금융, 보험
- 신규 요건 대상 업권 - 보증보험

[현행 시스템 현황]

- API별로 각각의 테이블 존재
  - 단, 대출이자처럼 하위 오브젝트(object)가 존재하는 경우 테이블 분리
- 현행 데이터 모델(ERD) 부재
- 엑셀 형태의 테이블 목록 존재([첨부1](184 페이지))
- 엑셀 형태의 컬럼 목록 존재([첨부2]~[첨부6](185~197 페이지))
- DB 오브젝트와 수집된 테이블·컬럼 목록 일치

특히, 본 장에서 기술하는 내용은 마이데이터 사업자가 해당 내용을 구축하기 위한 것은 아니며 현행·목표 데이터 모델링 진행 과정을 단계별로 설명하기 위한 예시이다. 또한, 해당 내용은 실제 업무와 다를 수 있다.

3. 현행·목표 데이터 모델링 실습

앞 절에서 기술한 금융분야 마이데이터 표준 API 규격 v1의 시나리오 및 전제조건을 기준으로 리버스 모델링, 현행 논리·개념 데이터 모델링, 데이터 모델 분석·개선방안 수립 및 목표 개념·논리 데이터 모델링 수행 과정을 알아보자. 참고로, 데이터 모델링 진행 과정에서 생성하는 산출물 및 작업 문서는 전체를 표시한다. 중간 과정에서 생성하는 작업 문서도 반복적으로 표시되기는 하나 이해를 돕고자 모두 표시하겠다.

3.1 자료수집 및 시스템 현황 분석

자료 수집 및 시스템 현황 분석에 대한 작업을 진행한다.

3.1.1 자료수집

프로젝트 투입 후 가장 먼저 진행해야 하는 작업은 관련 문서나 자료를 고객이나 관계자에게 요청하고 수집하는 것이다. 앞에서 언급한 시나리오와 전제조건에 따라 수집된 문서는 다음과 같다.

요청 항목	유형	수집 결과	중요도	비고
ERD	ERD	자료 없음	상	
화면 설계서	산출물	자료 없음	하	
SQL 소스	SQL	자료 없음	중	
DB 접속 권한	권한정보	권한 없음	상	
테이블 목록	산출물	자료 수집	중	엑셀
컬럼 목록	산출물	자료 수집	중	엑셀

수집된 테이블 목록은 [첨부1](184 페이지)을 참고하고 컬럼 목록은 [첨부2]~[첨부6](185~197 페이지)을 참고한다.

3.1.2 시스템 현황 분석

마이데이터에 대한 업무는 마이데이터 종합포털을 참조하여 파악한다. 다음은 마이데이터 종합포털에 있는 서비스 개념 페이지 내용이다.

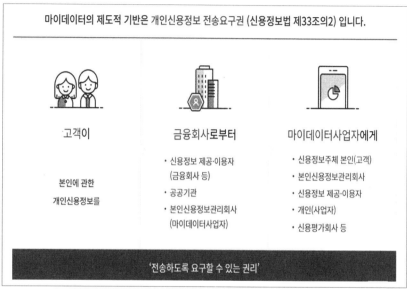

마이데이터의 제도적 기반은 개인신용정보 전송요구권 (신용정보법 제33조의2) 입니다.

고객이

본인에 관한
개인신용정보를

금융회사로부터

· 신용정보 제공·이용자
  (금융회사 등)
· 공공기관
· 본인신용정보관리회사
  (마이데이터사업자)

마이데이터사업자에게

· 신용정보주체 본인(고객)
· 본인신용정보관리회사
· 신용정보 제공·이용자
· 개인(사업자)
· 신용평가회사 등

'전송하도록 요구할 수 있는 권리'

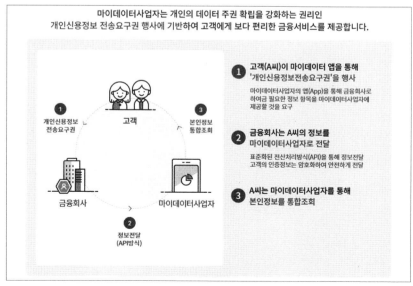

마이데이터사업자는 개인의 데이터 주권 확립을 강화하는 권리인
개인신용정보 전송요구권 행사에 기반하여 고객에게 보다 편리한 금융서비스를 제공합니다.

① 개인신용정보
전송요구권

고객

③ 본인정보
통합조회

금융회사

② 정보전달
(API방식)

마이데이터사업자

① **고객(A씨)이 마이데이터 앱을 통해**
'개인신용정보전송요구권'을 행사
마이데이터사업자의 앱(App)을 통해 금융회사로
하여금 필요한 정보 항목을 마이데이터사업자에
제공할 것을 요구

② **금융회사는 A씨의 정보를**
마이데이터사업자로 전달
표준화된 전산처리방식(API)을 통해 정보전달
고객의 인증정보는 암호화하여 안전하게 전달

③ **A씨는 마이데이터사업자를 통해**
본인정보를 통합조회

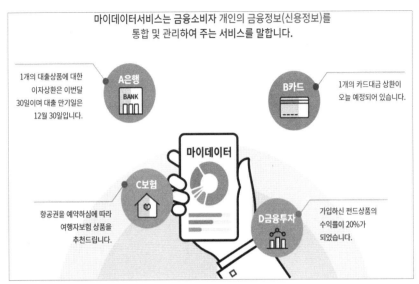

[출처] 마이데이터 종합포탈(https://www.mydatacenter.or.kr:3441/myd/mydsvc/sub1.do)

[그림 3-6]

또한, 관련 서비스 예시는 다음과 같다.

[그림 3-7]

3.2 현행 데이터 모델링

수집된 자료를 기초로 현행 데이터 모델링을 수행한다. 먼저, 리버스 모델링을 수행하여 데이터 모델을 생성하고 생성된 리버스 모델을 기초로 현행 논리 데이터 모델링을 수행하여 현행 데이터 모델의 현행화 및 상세화를 진행한다. 현재의 모습을 전체적으로 조망할 수 있도록 현행 개념 데이터 모델링을 수행하여 현행 개념 데이터 모델도 작성한다.

3.2.1 리버스 모델링

현재 수집된 자료는 테이블 · 컬럼 목록이다. DB 오브젝트와 테이블 · 컬럼 목록은 일치한다고 전제하고 테이블 · 컬럼 목록을 적용하여 파일 리버스를 수행한다. 해당 파일은 [첨부1]~[첨부6](184~197 페이지)을 참고한다. 파일을 리버스한 최초의 결과는 다음과 같다.

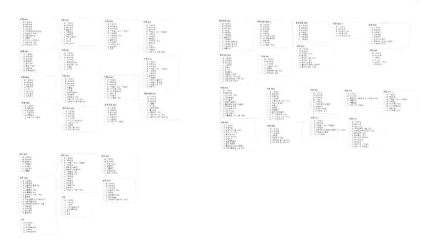

[그림 3-8]

테이블이 많지 않지만 책에 내용을 제대로 표시하기에는 글씨가 너무 작아서 잘 보이지 않으므로 업권별로 다시 표시하여 이해를 돕고자 한다.

🔜 리버스 모델 - 은행 업권

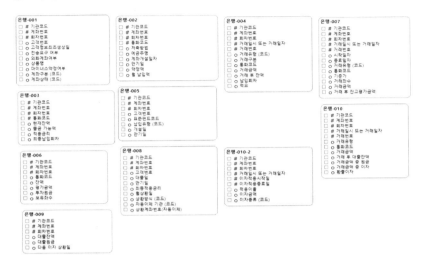

[그림 3-9]

🔜 리버스 모델 - 금투 업권

[그림 3-10]

⇨ 리버스 모델 - 할부금융 업권

[그림 3-11]

⇨ 리버스 모델 - 보험 업권

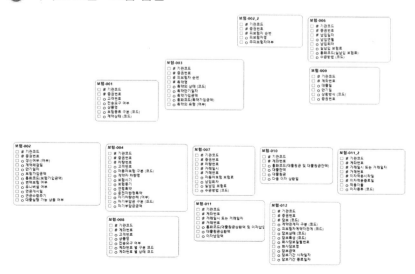

[그림 3-12]

3.2.2 현행 논리 데이터 모델링

현행 논리 데이터 모델은 현재의 모습(AS-IS)을 나타내는 데 중점을 두고 작업을 진행한다.

3.2.2.1 데이터 모델 현행화

현행화 작업은 수집된 데이터 모델이 존재하지 않아서 별도로 작업할 사항은 없다.

3.2.2.2 데이터 모델 상세화

현행 데이터 모델의 상세화 작업을 진행한다. 스텝별로 진행하면서 진행한 결과를 업권별로 각각 표시한다. 작업하는 데이터 모델의 형태가 다소 중복적이고 반복적이지만 각 스텝을 이해하는 데 도움이 되고자 스텝별로 작업한 데이터 모델을 각각 살펴보자.

1) 데이터 모델 재배치

연관성 있는 엔터티를 모아서 서로 근처에 배치하여 추후 관계를 설정할 수 있도록 한다. 이 작업은 모델링 툴의 리버스 기능을 이용하거나 수작업으로 수행한다. 참고로 엔터티와 속성의 박스 크기를 적당히 조정해서 엔터티 하단에 … 이 표시되어 있다. 내용이 생략되어 있다는 표시다. 데이터 모델을 재배치한 결과는 다음 페이지와 같다.

🔵 데이터 모델 재배치 - 은행 업권

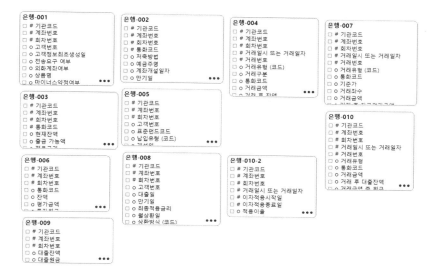

[그림 3-13]

🔵 데이터 모델 재배치 - 금투 업권

[그림 3-14]

데이터 모델 재배치 - 할부금융 업권

[그림 3-15]

데이터 모델 재배치 - 보험 업권

[그림 3-16]

2) 엔터티명 보완

엔터티의 한글명을 보완한다. 엔터티명에 특수부호나 공백(blank) 등이 있는 경우 특수부호나 공백을 제거한다. 여기서는 특수부호(-)를 제거하는 것이 주된 작업이다. 즉, 엔터티명 '은행-001'을 '은행001'로 변경한다. 엔터티명을 보완한 결과는 다음과 같다.

● 엔터티명 보완 - 은행 업권

[그림 3-17]

● 엔터티명 보완 - 금투 업권

[그림 3-18]

엔터티명 보완 - 할부금융 업권

[그림 3-19]

엔터티명 보완 - 보험 업권

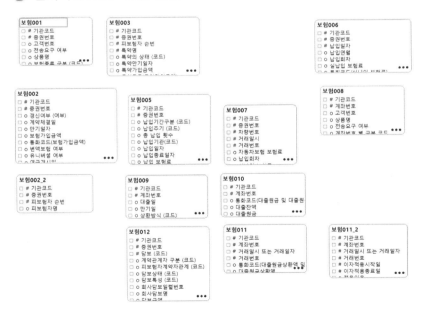

[그림 3-20]

3) 식별자 지정

식별자를 지정한다. 식별자는 모두 정의되어 있으므로 식별자와 관련해서는 추가로 작업할 사항이 없다.

4) 관계 설정

엔터티 간의 관계를 설정한다. 엔터티 간에는 무수히 많은 관계가 존재하지만 직접적인 관계에만 관계를 설정한다. 즉, 부모와 자식 간 같은 직접적인 관계에만 설정하고 형제자매나 조부모 간의 관계까지는 설정하지 않는다. 엔터티 간의 관계를 설정한 결과는 다음과 같다.

● 관계 설정 - 은행 업권

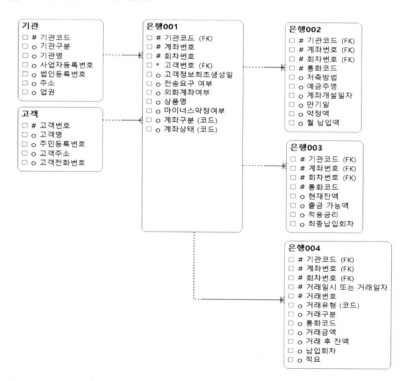

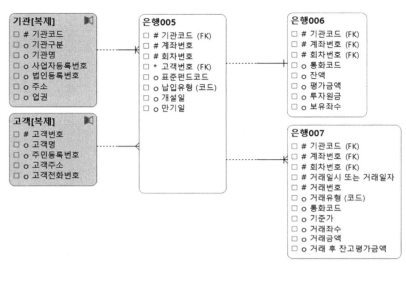

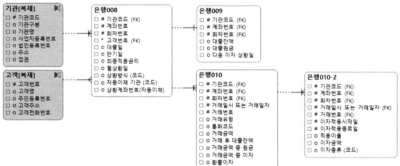

[그림 3-21]

🔵 관계 설정 - 금투 업권

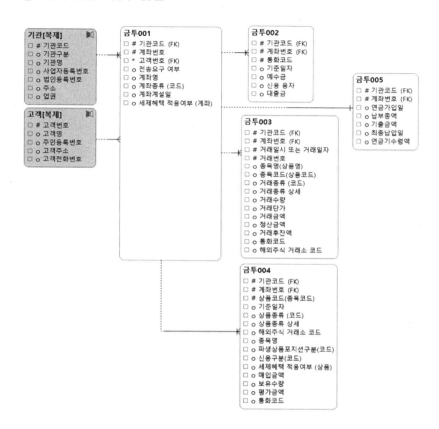

기관[복제]
- □ # 기관코드
- □ o 기관구분
- □ o 기관명
- □ o 사업자등록번호
- □ o 법인등록번호
- □ o 주소
- □ o 업권

고객[복제]
- □ # 고객번호
- □ o 고객명
- □ o 주민등록번호
- □ o 고객주소
- □ o 고객전화번호

금투001
- □ # 기관코드 (FK)
- □ # 계좌번호
- □ * 고객번호 (FK)
- □ o 전송요구 여부
- □ o 계좌명
- □ o 계좌종류 (코드)
- □ o 계좌개설일
- □ o 세제혜택 적용여부 (계좌)

금투002
- □ # 기관코드 (FK)
- □ # 계좌번호 (FK)
- □ o 통화코드
- □ o 기준일자
- □ o 예수금
- □ o 신용 융자
- □ o 대출금

금투005
- □ # 기관코드 (FK)
- □ # 계좌번호 (FK)
- □ o 연금가입일
- □ o 납부종액
- □ o 기출금액
- □ o 최종납입일
- □ o 연금기수령액

금투003
- □ # 기관코드 (FK)
- □ # 계좌번호 (FK)
- □ # 거래일시 또는 거래일자
- □ # 거래번호
- □ o 종목명(상품명)
- □ o 종목코드(상품코드)
- □ o 거래종류 (코드)
- □ o 거래종류 상세
- □ o 거래수량
- □ o 거래단가
- □ o 거래금액
- □ o 정산금액
- □ o 거래후잔액
- □ o 통화코드
- □ o 해외주식 거래소 코드

금투004
- □ # 기관코드 (FK)
- □ # 계좌번호 (FK)
- □ # 상품코드(종목코드)
- □ o 기준일자
- □ o 상품종류 (코드)
- □ o 상품종류 상세
- □ o 해외주식 거래소 코드
- □ o 종목명
- □ o 파생상품포지션구분(코드)
- □ o 신용구분(코드)
- □ o 세제혜택 적용여부 (상품)
- □ o 매입금액
- □ o 보유수량
- □ o 평가금액
- □ o 통화코드

[그림 3-22]

관계 설정 - 할부금융 업권

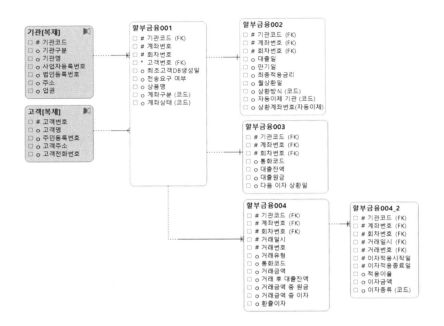

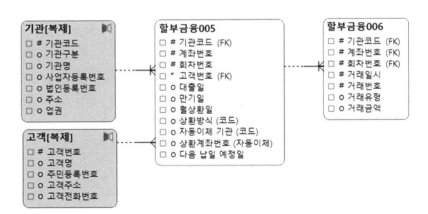

[그림 3-23]

관계 설정 - 보험 업권

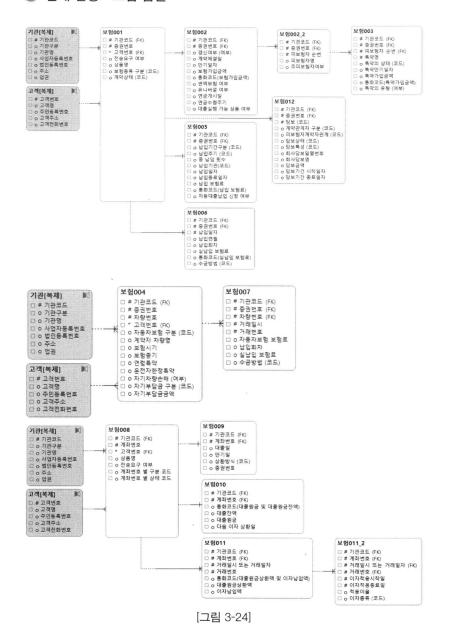

기관[복제]
- # 기관코드
- ○ 기관구분
- ○ 기관명
- ○ 사업자등록번호
- ○ 법인등록번호
- ○ 주소
- ○ 업권

고객[복제]
- # 고객번호
- ○ 고객명
- ○ 주민등록번호
- ○ 고객주소
- ○ 고객전화번호

보험001
- # 기관코드 (FK)
- # 증권번호
- * 고객번호 (FK)
- ○ 전송요구 여부
- ○ 상품명
- ○ 보험종류 구분 (코드)
- ○ 계약상태 (코드)

보험002
- # 기관코드 (FK)
- # 증권번호 (FK)
- ○ 갱신여부 (여부)
- ○ 계약체결일
- ○ 만기일자
- ○ 보험가입금액
- ○ 통화코드(보험가입금액)
- ○ 변액보험 여부
- ○ 유니버셜 여부
- ○ 연금개시일
- ○ 연금수령주기
- ○ 대출실행 가능 상품 여부

보험002_2
- # 기관코드 (FK)
- # 증권번호 (FK)
- # 피보험자 순번
- ○ 피보험자명
- ○ 주피보험자여부

보험003
- # 기관코드 (FK)
- # 증권번호 (FK)
- # 피보험자 순변 (FK)
- # 특약명
- ○ 특약의 상태 (코드)
- ○ 특약만기일자
- ○ 특약가입금액
- ○ 통화코드(특약가입금액)
- ○ 특약의 유형 (여부)

보험012
- # 기관코드 (FK)
- # 증권번호 (FK)
- ○ 계약관계자 구분 (코드)
- ○ 피보험자계약자관계 (코드)
- ○ 담보상태 (코드)
- ○ 담보특성 (코드)
- ○ 회사담보월별번호
- ○ 회사담보명
- ○ 담보금액
- ○ 담보기간 시작일자
- ○ 담보기간 종료일자

보험005
- # 기관코드 (FK)
- # 증권번호 (FK)
- ○ 납입기간구분 (코드)
- ○ 납입주기 (코드)
- ○ 총 납입 톳수
- ○ 납입기관(코드)
- ○ 납입월일
- ○ 납입종료일자
- ○ 납입 보험료
- ○ 통화코드(납입 보험료)
- ○ 자동대출납입 신청 여부

보험006
- # 기관코드 (FK)
- # 증권번호 (FK)
- # 납입일자
- ○ 납입연월
- ○ 납입회차
- ○ 실납입 보험료
- ○ 통화코드(실납입 보험료)
- ○ 수금방법 (코드)

기관[복제]
- # 기관코드
- ○ 기관구분
- ○ 기관명
- ○ 사업자등록번호
- ○ 법인등록번호
- ○ 주소
- ○ 업권

고객[복제]
- # 고객번호
- ○ 고객명
- ○ 주민등록번호
- ○ 고객주소
- ○ 고객전화번호

보험004
- # 기관코드 (FK)
- # 증권번호
- # 차량번호
- * 고객번호 (FK)
- ○ 자동차보험 구분 (코드)
- ○ 계약자 차량명
- ○ 보험시기
- ○ 보험종기
- ○ 연령특약
- ○ 운전자한정특약
- ○ 자기차량손해 (여부)
- ○ 자기부담금 구분 (코드)
- ○ 자기부담금액

보험007
- # 기관코드 (FK)
- # 증권번호 (FK)
- # 차량번호 (FK)
- # 거래일시
- # 거래번호
- ○ 자동차보험 보험료
- ○ 납입회차
- ○ 실납입 보험료
- ○ 수금방법 (코드)

기관[복제]
- # 기관코드
- ○ 기관구분
- ○ 기관명
- ○ 사업자등록번호
- ○ 법인등록번호
- ○ 주소
- ○ 업권

고객[복제]
- # 고객번호
- ○ 고객명
- ○ 주민등록번호
- ○ 고객주소
- ○ 고객전화번호

보험008
- # 기관코드 (FK)
- # 계좌번호
- * 고객번호 (FK)
- ○ 상품명
- ○ 전송요구 여부
- ○ 계좌번호 별 구분 코드
- ○ 계좌번호 별 상태 코드

보험009
- # 기관코드 (FK)
- # 계좌번호 (FK)
- ○ 대출일
- ○ 만기일
- ○ 상환방식 (코드)
- ○ 증권번호

보험010
- # 기관코드 (FK)
- # 계좌번호 (FK)
- ○ 통화코드(대출원금 및 대출원금잔액)
- ○ 대출잔액
- ○ 대출원금
- ○ 다음 이자 상환일

보험011
- # 기관코드 (FK)
- # 계좌번호 (FK)
- # 거래일시 또는 거래일자
- # 거래번호
- ○ 통화코드(대출원금상환액 및 이자납입액)
- ○ 대출원금상환액
- ○ 이자납입액

보험011_2
- # 기관코드 (FK)
- # 계좌번호 (FK)
- # 거래일시 또는 거래일자 (FK)
- # 거래번호
- ○ 이자적용시작일
- ○ 이자적용종료일
- ○ 적용이율
- ○ 이자종류 (코드)

[그림 3-24]

5) 서브타입 지정

행위 주체나 메인 엔터티에 대해 서브타입을 지정한다. 본 실습에서 행위의 주체는 고객 엔터티와 기관 엔터티이고 메인 엔터티는 업권별 계좌 목록 조회 API의 데이터 항목을 관리하는 엔터티이다. 예를 들어, 은행 업권인 경우 은행-001 API가 이에 해당한다. 은행-001 엔터티를 구성하는 구성요소는 계좌구분코드이므로 서브타입으로 표현하면 되지만 여기서는 생략한다. 해당 계좌구분코드는 서브타입으로 표현하지 않아도 해당 엔터티를 이해하는데 충분하다. 금융분야 표준 API 규격 내 [첨부3] (188 페이지)에 기술된 계좌번호별 구분코드를 참고한다.

6) 속성명 보완

속성의 한글명을 보완한다. 속성명에 특수부호나 공백(blank) 등이 있는 경우 특수부호나 공백을 제거한다. 또한, 괄호 등에 의해 속성명에 부가 정보가 존재할 경우 속성명을 보완하고 속성의 부가 정보는 속성의 정의에 옮겨 저장한다. 속성명을 보완한 결과는 다음 페이지와 같다.

속성명 보완 - 은행 업권

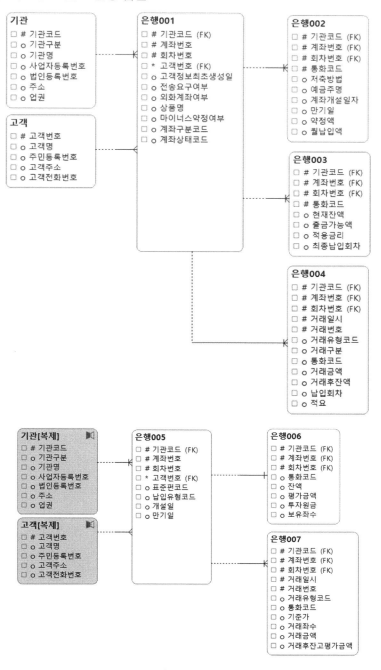

기관
- \# 기관코드
- o 기관구분
- o 기관명
- o 사업자등록번호
- o 법인등록번호
- o 주소
- o 업권

고객
- \# 고객번호
- o 고객명
- o 주민등록번호
- o 고객주소
- o 고객전화번호

은행001
- \# 기관코드 (FK)
- \# 계좌번호
- \# 회차번호
- * 고객번호 (FK)
- o 고객정보최초생성일
- o 전송요구여부
- o 외화계좌여부
- o 상품명
- o 마이너스약정여부
- o 계좌구분코드
- o 계좌상태코드

은행002
- \# 기관코드 (FK)
- \# 계좌번호 (FK)
- \# 회차번호 (FK)
- \# 통화코드
- o 저축방법
- o 예금주명
- o 계좌개설일자
- o 만기일
- o 약정액
- o 월납입액

은행003
- \# 기관코드 (FK)
- \# 계좌번호 (FK)
- \# 회차번호 (FK)
- \# 통화코드
- o 현재잔액
- o 출금가능액
- o 적용금리
- o 최종납입회차

은행004
- \# 기관코드 (FK)
- \# 계좌번호 (FK)
- \# 회차번호 (FK)
- \# 거래일시
- \# 거래번호
- o 거래유형코드
- o 거래구분
- o 통화코드
- o 거래금액
- o 거래후잔액
- o 납입회차
- o 적요

기관[복제]
- \# 기관코드
- o 기관구분
- o 기관명
- o 사업자등록번호
- o 법인등록번호
- o 주소
- o 업권

고객[복제]
- \# 고객번호
- o 고객명
- o 주민등록번호
- o 고객주소
- o 고객전화번호

은행005
- \# 기관코드 (FK)
- \# 계좌번호
- \# 회차번호
- * 고객번호 (FK)
- o 표준펀코드
- o 납입유형코드
- o 개설일
- o 만기일

은행006
- \# 기관코드 (FK)
- \# 계좌번호 (FK)
- \# 회차번호 (FK)
- o 통화코드
- o 잔액
- o 평가금액
- o 투자원금
- o 보유좌수

은행007
- \# 기관코드 (FK)
- \# 계좌번호 (FK)
- \# 회차번호 (FK)
- \# 거래일시
- \# 거래번호
- o 거래유형코드
- o 통화코드
- o 기준가
- o 거래좌수
- o 거래금액
- o 거래후잔고평가금액

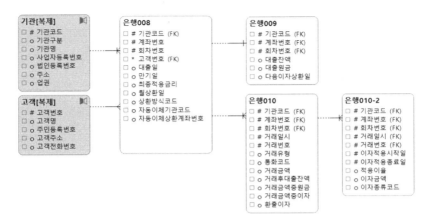

[그림 3-25]

◯ 속성명 보완 - 금투 업권

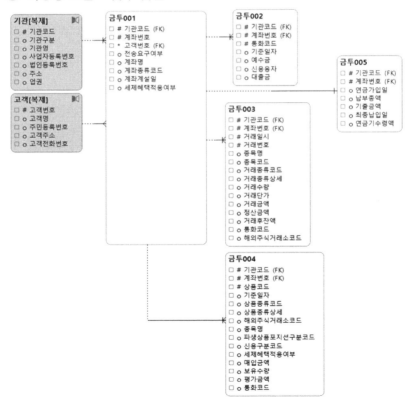

[그림 3-26]

🔿 속성명 보완 - 할부금융 업권

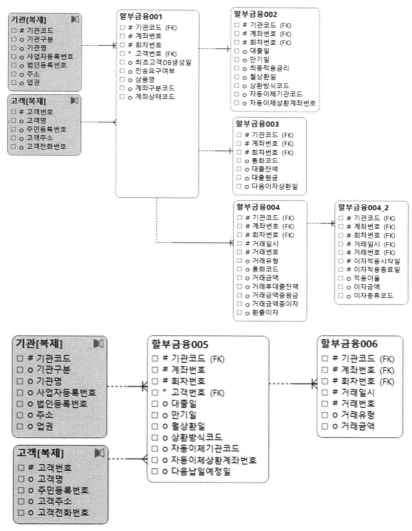

기관[복제]
- □ # 기관코드
- □ o 기관구분
- □ o 기관명
- □ o 사업자등록번호
- □ o 법인등록번호
- □ o 주소
- □ o 업권

고객[복제]
- □ # 고객번호
- □ o 고객명
- □ o 주민등록번호
- □ o 고객주소
- □ o 고객전화번호

할부금융001
- □ # 기관코드 (FK)
- □ # 계좌번호
- □ # 회차번호
- □ * 고객번호 (FK)
- □ o 최초고객DB생성일
- □ o 전송요구여부
- □ o 상품명
- □ o 계좌구분코드
- □ o 계좌상태코드

할부금융002
- □ # 기관코드 (FK)
- □ # 계좌번호 (FK)
- □ # 회차번호 (FK)
- □ o 대출일
- □ o 만기일
- □ o 최종적용금리
- □ o 월상환일
- □ o 상환방식코드
- □ o 자동이체기관코드
- □ o 자동이체상환계좌번호

할부금융003
- □ # 기관코드 (FK)
- □ # 계좌번호 (FK)
- □ # 회차번호 (FK)
- □ o 통화코드
- □ o 대출잔액
- □ o 대출원금
- □ o 다음이자상환일

할부금융004
- □ # 기관코드 (FK)
- □ # 계좌번호 (FK)
- □ # 회차번호 (FK)
- □ # 거래일시
- □ # 거래번호
- □ o 거래유형
- □ o 통화코드
- □ o 거래금액
- □ o 거래후대출잔액
- □ o 거래금액중원금
- □ o 거래금액중이자
- □ o 환출이자

할부금융004_2
- □ # 기관코드 (FK)
- □ # 계좌번호 (FK)
- □ # 회차번호 (FK)
- □ # 거래일시 (FK)
- □ # 거래번호 (FK)
- □ # 이자적용시작일
- □ # 이자적용종료일
- □ o 적용이율
- □ o 이자금액
- □ o 이자종류코드

기관[복제]
- □ # 기관코드
- □ o 기관구분
- □ o 기관명
- □ o 사업자등록번호
- □ o 법인등록번호
- □ o 주소
- □ o 업권

고객[복제]
- □ # 고객번호
- □ o 고객명
- □ o 주민등록번호
- □ o 고객주소
- □ o 고객전화번호

할부금융005
- □ # 기관코드 (FK)
- □ # 계좌번호
- □ # 회차번호
- □ * 고객번호 (FK)
- □ o 대출일
- □ o 만기일
- □ o 월상환일
- □ o 상환방식코드
- □ o 자동이제기관코드
- □ o 자동이제상환계좌번호
- □ o 다음납일예정일

할부금융006
- □ # 기관코드 (FK)
- □ # 계좌번호 (FK)
- □ # 회차번호 (FK)
- □ # 거래일시
- □ # 거래번호
- □ o 거래유형
- □ o 거래금액

[그림 3-27]

133

속성명 보완 - 보험 업권

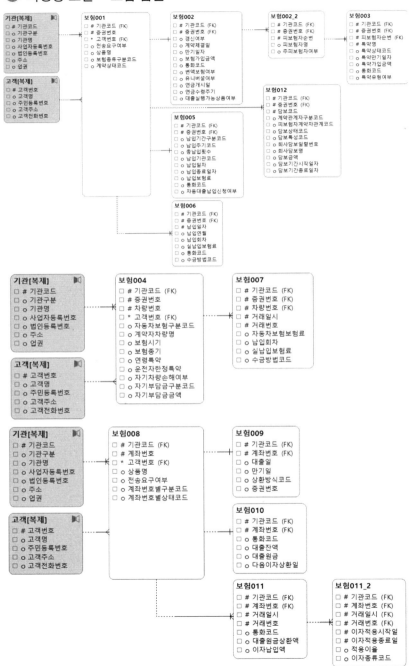

기관[복제]
- □ # 기관코드
- □ ○ 기관구분
- □ ○ 기관명
- □ ○ 사업자등록번호
- □ ○ 법인등록번호
- □ ○ 주소
- □ ○ 업권

고객[복제]
- □ # 고객번호
- □ ○ 고객명
- □ ○ 주민등록번호
- □ ○ 고객주소
- □ ○ 고객전화번호

보험001
- □ # 기관코드 (FK)
- □ # 증권번호
- □ ○ 고객번호 (FK)
- □ ○ 전송요구여부
- □ ○ 상품명
- □ ○ 보험종류구분코드
- □ ○ 계약상태코드

보험002
- □ # 기관코드 (FK)
- □ # 증권번호 (FK)
- □ ○ 갱신여부
- □ ○ 계약체결일
- □ ○ 만기일자
- □ ○ 보험가입금액
- □ ○ 통화코드
- □ ○ 변액보험여부
- □ ○ 유니버셜여부
- □ ○ 연금개시일
- □ ○ 연금수령주기
- □ ○ 대출실행가능상품여부

보험002_2
- □ # 기관코드 (FK)
- □ # 증권번호 (FK)
- □ # 피보험자순번
- □ ○ 피보험자명
- □ ○ 주피보험자여부

보험003
- □ # 기관코드 (FK)
- □ # 증권번호 (FK)
- □ # 피보험자순번
- □ # 특약명
- □ ○ 특약상태코드
- □ ○ 특약만기일자
- □ ○ 특약가입금액
- □ ○ 통화코드
- □ ○ 특약유형여부

보험005
- □ # 기관코드 (FK)
- □ # 증권번호 (FK)
- □ ○ 납입기간구분코드
- □ ○ 납입주기코드
- □ ○ 총납입횟수
- □ ○ 납입기관코드
- □ ○ 납입일자
- □ ○ 납입종료일자
- □ ○ 납입보험료
- □ ○ 통화코드
- □ ○ 자동대출납입신청여부

보험012
- □ # 기관코드 (FK)
- □ # 증권번호 (FK)
- □ # 담보코드
- □ ○ 계약관계자구분코드
- □ ○ 피보험자계약자관계코드
- □ ○ 담보상태코드
- □ ○ 담보특성코드
- □ ○ 회사담보일련번호
- □ ○ 회사담보명
- □ ○ 담보금액
- □ ○ 담보기간시작일자
- □ ○ 담보기간종료일자

보험006
- □ # 기관코드 (FK)
- □ # 증권번호 (FK)
- □ # 납입일자
- □ ○ 납입연월
- □ ○ 납입회차
- □ ○ 실납입보험료
- □ ○ 통화코드
- □ ○ 수금방법코드

기관[복제]
- □ # 기관코드
- □ ○ 기관구분
- □ ○ 기관명
- □ ○ 사업자등록번호
- □ ○ 법인등록번호
- □ ○ 주소
- □ ○ 업권

고객[복제]
- □ # 고객번호
- □ ○ 고객명
- □ ○ 주민등록번호
- □ ○ 고객주소
- □ ○ 고객전화번호

보험004
- □ # 기관코드 (FK)
- □ # 증권번호
- □ # 차량번호
- □ * 고객번호 (FK)
- □ ○ 자동차보험구분코드
- □ ○ 계약자차량명
- □ ○ 보험시기
- □ ○ 보험종기
- □ ○ 연령특약
- □ ○ 운전자한정특약
- □ ○ 자기차량손해여부
- □ ○ 자기부담금구분코드
- □ ○ 자기부담금금액

보험007
- □ # 기관코드 (FK)
- □ # 증권번호 (FK)
- □ # 차량번호 (FK)
- □ # 거래일시
- □ ○ 거래번호
- □ ○ 자동차보험보험료
- □ ○ 납입회차
- □ ○ 실납입보험료
- □ ○ 수금방법코드

기관[복제]
- □ # 기관코드
- □ ○ 기관구분
- □ ○ 기관명
- □ ○ 사업자등록번호
- □ ○ 법인등록번호
- □ ○ 주소
- □ ○ 업권

고객[복제]
- □ # 고객번호
- □ ○ 고객명
- □ ○ 주민등록번호
- □ ○ 고객주소
- □ ○ 고객전화번호

보험008
- □ # 기관코드 (FK)
- □ # 계좌번호
- □ * 고객번호 (FK)
- □ ○ 상품명
- □ ○ 전송요구여부
- □ ○ 계좌번호별구분코드
- □ ○ 계좌번호별상태코드

보험009
- □ # 기관코드 (FK)
- □ # 계좌번호 (FK)
- □ ○ 대출일
- □ ○ 만기일
- □ ○ 상환방식코드
- □ ○ 증권번호

보험010
- □ # 기관코드 (FK)
- □ # 계좌번호 (FK)
- □ ○ 통화코드
- □ ○ 대출잔액
- □ ○ 대출원금
- □ ○ 다음이자상환일

보험011
- □ # 기관코드 (FK)
- □ # 계좌번호 (FK)
- □ # 거래일시
- □ # 거래번호
- □ ○ 통화코드
- □ ○ 대출원금상환액
- □ ○ 이자납입액

보험011_2
- □ # 기관코드 (FK)
- □ # 계좌번호 (FK)
- □ # 거래일시 (FK)
- □ # 거래번호 (FK)
- □ # 이자적용시작일
- □ # 이자적용종료일
- □ ○ 적용이율
- □ ○ 이자종류코드

　　　　　[그림 3-28]

7) 속성의 도메인 지정

속성의 도메인을 명확히 한다. 일반적으로 속성명은 속성명 마지막에 도메인을 기술하여 속성의 허용 가능한 값의 범위를 지정하고 직관적이며 명확하게 명칭을 부여하도록 한다. 속성의 도메인을 지정한 결과는 다음과 같다.

● 속성의 도메인 지정 - 은행 업권

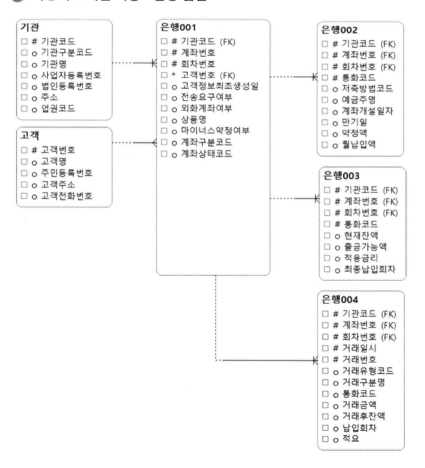

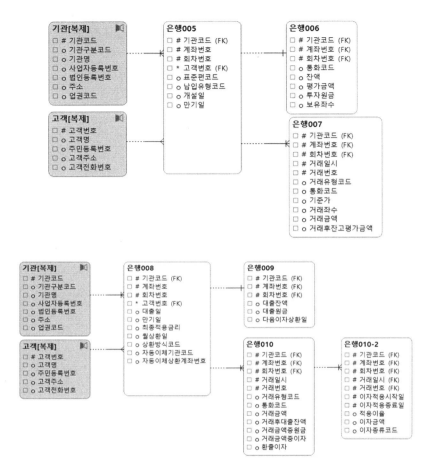

[그림 3-29]

속성의 도메인 지정 - 금투 업권

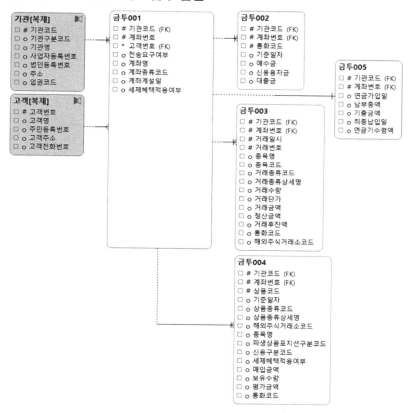

기관[복제]
- # 기관코드
- o 기관구분코드
- o 기관명
- o 사업자등록번호
- o 법인등록번호
- o 주소
- o 업권코드

고객[복제]
- # 고객번호
- o 고객명
- o 주민등록번호
- o 고객주소
- o 고객전화번호

금투001
- # 기관코드 (FK)
- # 계좌번호
- * 고객번호 (FK)
- o 전송요구여부
- o 계좌명
- o 계좌종류코드
- o 계좌개설일
- o 세제혜택적용여부

금투002
- o 기관코드 (FK)
- # 계좌번호 (FK)
- # 통화코드
- o 기준일자
- o 예수금
- o 신용융자금
- o 대출금

금투005
- # 기관코드 (FK)
- # 계좌번호 (FK)
- o 연금가입일
- o 납부총액
- o 기출금액
- o 최종납입일
- o 연금기수령액

금투003
- # 기관코드 (FK)
- # 계좌번호 (FK)
- # 거래일시
- # 거래번호
- o 종목명
- o 종목코드
- o 거래종류코드
- o 거래종류상세명
- o 거래수량
- o 거래단가
- o 거래금액
- o 정산금액
- o 거래후잔액
- o 통화코드
- o 해외주식거래소코드

금투004
- # 기관코드 (FK)
- # 계좌번호 (FK)
- # 상품코드
- o 기준일자
- o 상품종류코드
- o 상품종류상세명
- o 해외주식거래소코드
- o 종목명
- o 파생상품포지션구분코드
- o 신용구분코드
- o 세제혜택적용여부
- o 매입금액
- o 보유수량
- o 평가금액
- o 통화코드

[그림 3-30]

137

속성의 도메인 지정 - 할부금융 업권

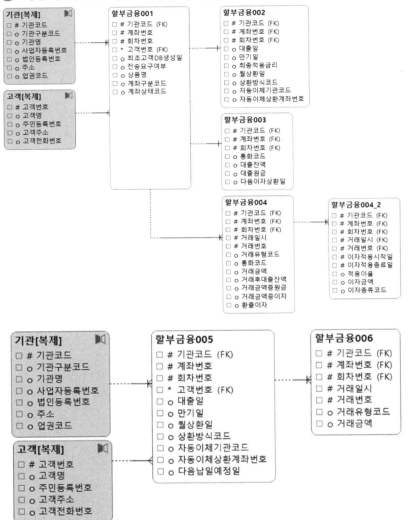

[그림 3-31]

속성의 도메인 지정 - 보험 업권

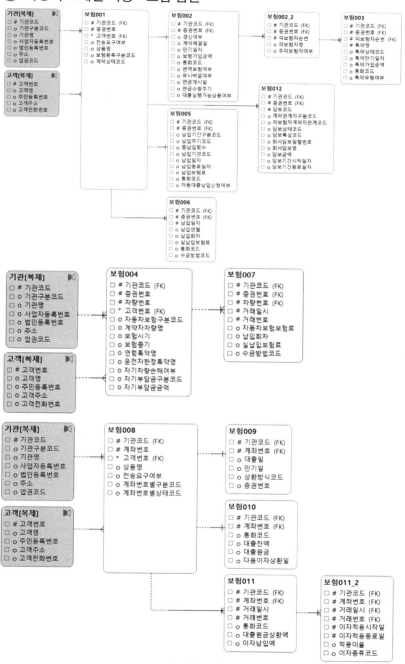

[그림 3-32]

적용된 도메인이 많지 않으나 도메인을 적용하여 최종 생성된 현행 논리 데이터 모델이다. 여기까지 작업한 결과가 최종 현행 논리 데이터 모델이다. 추가로 도메인을 적용한 속성은 다음과 같다.

엔터티명	컬럼명	도메인 적용 속성명	초기 속성명
은행002	SAVING_METHOD	저축방법코드	저축방법
은행004	TRANS_CLASS	거래구분명	거래구분
은행010	TRANS_TYPE	거래유형코드	거래유형
금투002	CREDIT_LOAN_AMT	신용융자금	신용 융자
금투003	TRANS_TYPE_DETAIL	거래종류상세명	거래종류 상세
금투004	PROD_TYPE_DETAIL	상품종류상세명	상품종류 상세
할부금융004	TRANS_TYPE	거래유형코드	거래유형
할부금융006	TRANS_TYPE	거래유형코드	거래유형
보험004	CONTRACT_AGE	연령특약명	연령특약
보험004	CONTRACT_DRIVER	운전자한정특약명	운전자한정특약
기관	ORG_TYPE	기관구분코드	기관구분
기관	INDUSTRY	업권코드	업권

[그림 3-33]

지금까지 현행 논리 데이터 모델을 관리하지 않은 상태를 가정했기에 여러 스텝을 통해 역으로 현행 논리 데이터 모델을 생성한 것이다. 사실 데이터 모델링의 시작은 여기서부터이다. 현행 논리 데이터 모델로부터 현행 개념 데이터 모델을 생성하고 현행 논리 데이터 모델을 분석하여 문제점을 파악하고 개선 방안을 도출하여 최종 목표 개념·논리 데이터 모델을 작성한다.

3.2.3 현행 개념 데이터 모델링

개념 데이터 모델은 주요 핵심 엔터티들로 구성된 데이터 모델의 골격에 해당하는 구조로써 해당 시스템 전체를 조망할 수 있게 해준다.

현행 개념 데이터 모델은 현행 논리 데이터 모델에서 핵심이 되는 엔터티를 도출하고 핵심 엔터티 간의 관계를 설정하여 데이터 모델의 골격에 해당하는 핵심 구조를 정의하는 작업이다.

앞 장에서 설명했듯이 현행 개념 데이터 모델은 핵심 엔터티를 도출하는 것이 중요하나 본 예제에서는 업권별로 핵심에 해당하는 데이터만 API로 제공하고 그 API별로 엔터티를 생성하였기에 전체 엔터티가 핵심 엔터티라 할 수 있다. 따라서, 현행 논리 데이터 모델의 전체 엔터티를 대상으로 현행 개념 데이터 모델링을 진행한다.

핵심 엔터티 개념화 작업에서 현행 논리 데이터 모델에 존재하는 속성을 제거하여 개념화하고 식별자는 현행 논리 데이터 모델의 식별자를 그대로 적용한다. 그 결과는 다음과 같다.

◑ 현행 개념 데이터 모델 - 은행 업권

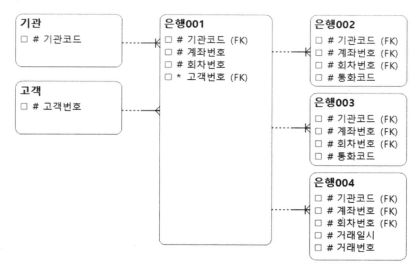

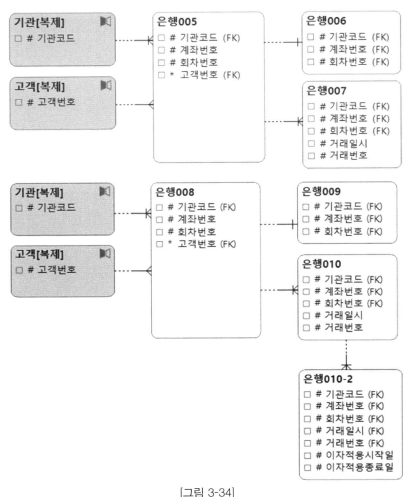

[그림 3-34]

🔵 현행 개념 데이터 모델 - 금투 업권

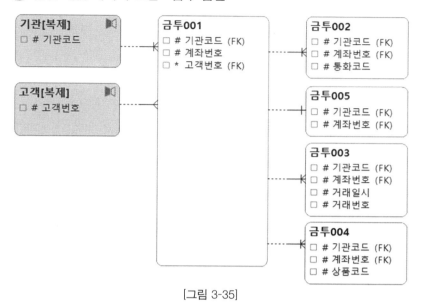

[그림 3-35]

현행 개념 데이터 모델 - 할부금융 업권

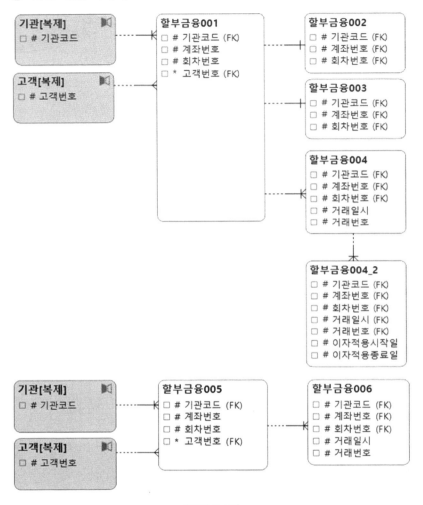

[그림 3-36]

현행 개념 데이터 모델 - 보험 업권

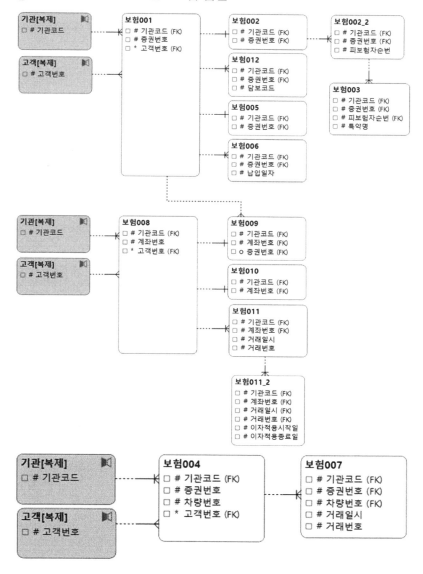

[그림 3-37]

145

다음은 핵심 엔터티 관계를 보완하여 설정한 결과이다. 실제로는 현행 업무 파악을 통해서 관계를 보완하지만 본 예제에서는 금융분야 표준 API 규격을 통해 파악된 결과를 현행 개념 데이터 모델에 반영한다. 다음은 금투 업권을 제외한 나머지 3개의 업권에 대해 변경한 결과이다.

현행 개념 데이터 모델 관계 보완 - 은행 업권

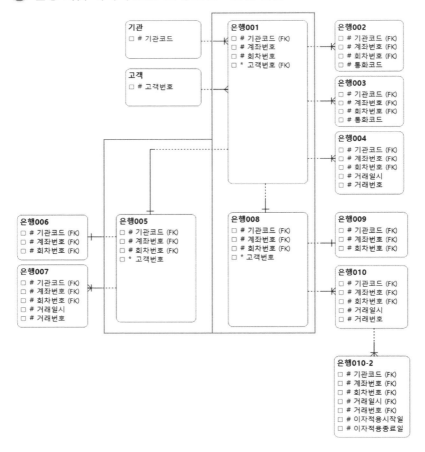

[그림 3-38]

현행 개념 데이터 모델 관계 보완 - 할부금융 업권

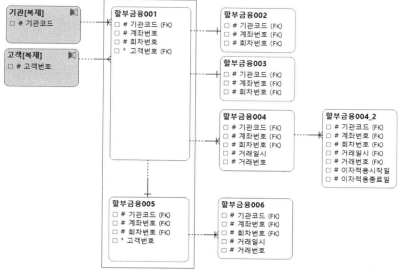

[그림 3-39]

현행 개념 데이터 모델 관계 보완 - 보험 업권

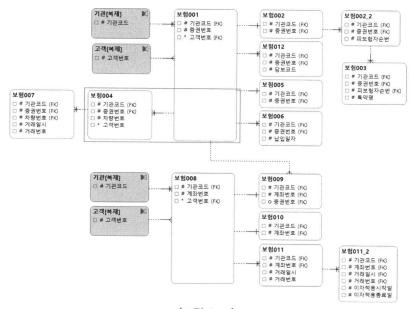

[그림 3-40]

3.3 데이터 모델 분석

현행 논리 데이터 모델링 타스크를 현재의 모습을 정확하게 보완·생성하는 작업이라고 하면 문제점 분석 및 개선방안 수립 타스크는 목표 데이터 모델을 생성하기 위한 분석 작업이라고 할 수 있다. 현행 데이터 모델의 문제점을 정확하게 파악해야 개선점이 도출되고 개선점이 도출되어야 목표 데이터 모델링을 할 수 있기 때문이다.

3.3.1 엔터티 적절성 분석

데이터 모델 분석 관점 중의 하나로 엔터티의 적절성을 분석하고 개선방안을 수립한다.

1) 불명확한 엔터티명

엔터티명은 관리하고자 하는 것이 무엇인지를 직관적으로 알 수 있게 부여해야 하는데 현재의 엔터티명은 API의 명을 그대로 사용하여 어떤 의도로 만든 엔터티인지 정확하게 알 수가 없다. 예를 들어 '은행001', '보험001' 등의 엔터티명은 무엇을 관리하고자 하는지 전혀 알 수 없다.

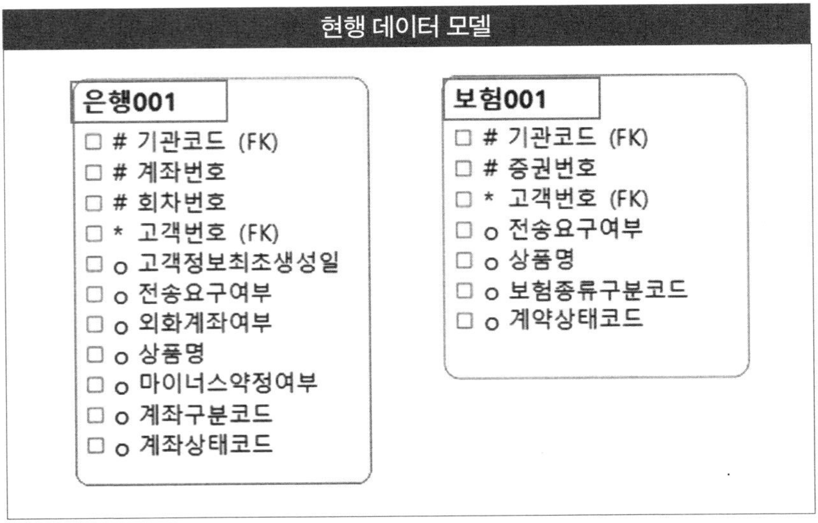

[그림 3-41]

[현황 분석]

- '은행001', '보험001' 등 API명과 동일하게 정의함
- '은행001' 엔터티는 은행계좌, '보험011' 엔터티는 보험계약을 관리함

[개선 방안]

- 엔터티가 관리하는 것이 무엇인지 직관적으로 알 수 있게 엔터티명
  변경 필요

3.3.2 식별자의 적절성 분석

데이터 모델 분석 관점 중의 하나로 식별자의 적절성을 분석하고 개선
방안을 수립한다.

1) 부적합한 식별자

적합하지 않은 속성이 식별자로 정의된 경우이다. 속성의 길이가 긴 속성
으로 식별자를 구성했다.

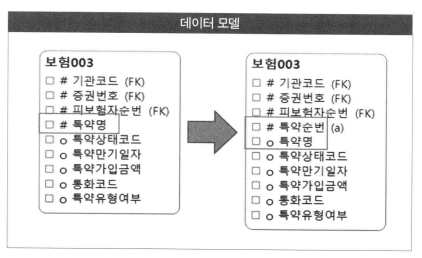

[그림 3-42]

[현황 분석]

- 보험003 엔터티에서 속성의 길이가 긴 특약명이 식별자로 구성됨

[개선 방안]

- 특약명에 순번을 부여하여 식별자로 구성하고 특약명은 일반속성으로
  변경함

3.3.3 엔터티 관계의 적절성 분석

데이터 모델 분석 관점 중 엔터티 관계의 적절성을 분석하고 개선 방안
을 수립한다.

1) 엔터티 관계 설정 미흡

엔터티 간의 부모 자식 관계가 미흡한 경우이다. 즉, 부모와 자식 간의 관
계를 설정하지 않고 다른 엔터티와 관계를 설정한 경우이다.

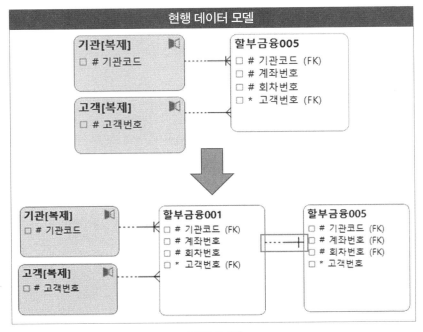

[그림 3-43]

[현황 분석]

- 할부금융005 엔터티의 부모가 고객 엔터티 또는 기관 엔터티로 되어 있음
- 할부금융005 엔터티의 부모는 할부금융001 엔터티임

[개선 방안]

- 할부금융005 엔터티는 할부금융001 엔터티의 자식으로 관계를 변경함

2) 엔터티 1:1 관계 적절성 검토

엔터티 관계가 1:1인 경우가 다수 존재한다. 엔터티 관계가 1:1인 경우는 하나의 엔터티로 통합을 검토한다.

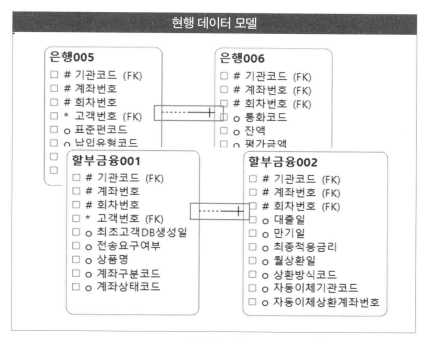

[그림 3-44]

[현황 분석]

- 은행005 엔터티와 은행006 엔터티가 1:1 관계로 설정됨
- 할부금융001 엔터티와 할부금융002 엔터티가 1:1 관계로 설정됨

[개선 방안]

- 은행005 엔터티와 은행006 엔터티의 통합 검토
- 할부금융001 엔터티와 할부금융002 엔터티의 통합 검토

3.3.4 속성의 적절성 분석

데이터 모델 분석 관점 중 속성의 적절성을 분석하고 개선 방안을 수립한다.

1) 정규화 여부

제2정규화 위배 및 제3정규화 위배 건이 존재한다.

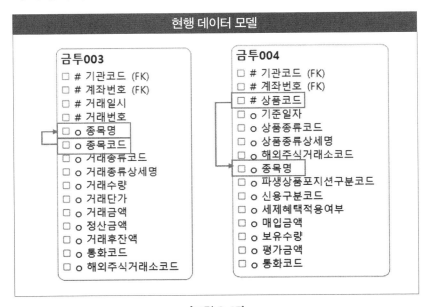

[그림 3-45]

[현황 분석]
- 금투003 엔터티는 속성 간의 종속성이 존재함 (제3정규형 위배)
- 금투004 엔터티는 모든 속성은 기본키 전부에 종속되어야 하나 그렇지 않은 경우임(제2정규형 위배)

[개선 방안]
- 제3정규형(3NF)으로 정규화

3.3.5 유사 시스템 간 비교 분석

각 금융기관에 흩어져 있는 개인의 금융 정보를 일괄 수집하여 고객이 알기 쉽게 통합하여 제공하는 시스템이므로 다수의 시스템을 통합하는 형태와 유사하다. 앞 장에서 기술한 유사 시스템 간 비교 분석의 형태를 가진다. 은행, 금투, 할부금융 및 보험 업권의 계좌/계약 정보를 API를 통해 제공하는데 현행 데이터 모델에서는 API별로 엔터티를 생성하므로 계좌/계약 정보가 각각의 시스템에 별도의 엔터티로 생성되어 있다. 고객 관점에서 통합뷰를 제공하기 위하여 해당 계좌/계약 정보를 하나로 통합하는 것이 바람직하다.

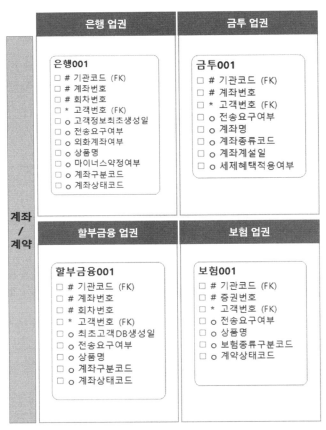

[그림 3-46]

업권별 계좌/계약 엔터티를 통합하기 위해서는 식별자를 검토해야 한다.
은행001 엔터티과 할부금융001 엔터티의 식별자는 '기관코드 + 계좌번
호 + 회차번호' 이고 금투001 엔터티의 식별자는 '기관코드 + 계좌번호'
이고 보험001 엔터티의 식별자는 '기관코드 + 증권번호'이다.

엔터티를 통합하기 위해서는 식별자의 통일이 필요한데 '기관코드 + 통
합계좌번호'로 변경을 검토한다. 즉, 은행001 및 할부금융001 엔터티는
'기관코드 + 계좌번호‖회차번호'로 하고 금투001 엔터티는 동일하며 보
험은 증권번호를 통합계좌번호로 명칭을 변경하는 것을 검토한다.

또한, 메인 엔터티에 해당하는 계좌/계약 관련 엔터티를 통합함으로써
하위 자식 엔터티 통합의 기틀을 마련한다.

예를 들면, 다음과 같이 은행, 할부금융 및 보험 업권에서 실행하는 대출
건에 대한 대출이자 적용 관련 엔터티에 대해 통합이 가능해진다.

[그림 3-47]

3.4 신규 업무 요건 분석

앞 장에서 기술한 시나리오 및 전제조건에 따라 신규 요건은 보증보험
업권의 추가다. 보증보험 업권의 API별로 테이블을 생성하면 다음과 같
다.

보증보험001
- □ # 기관코드
- □ # 증권번호
- □ ○ 고객번호
- □ ○ 전송요구 여부
- □ ○ 상품명
- □ ○ 보험종류 구분 (코드)
- □ ○ 계약상태 (코드)

보증보험002
- □ # 기관코드
- □ # 증권번호
- □ ○ 계약체결일
- □ ○ 종료일자
- □ ○ 보험가입금액
- □ ○ 납입기간구분 (코드)
- □ ○ 총 납입 보험료

보증보험003
- □ # 기관코드
- □ # 증권번호
- □ # 납입일자
- □ # 납입회차
- □ ○ 실납입 보험료
- □ ○ 수금방법 (코드)

[그림 3-48]

목표 데이터 모델의 생성 방향에 따라 보증보험 API별 테이블을 어떻게 반영할지가 결정된다. 목표 데이터 모델링 작업의 끝에 보증보험 업권을 반영한다.

3.5 목표 데이터 모델링

현행 데이터 모델링 분석 결과에 따라 문제점 및 개선 방안을 도출하여 새로 적용하고 신규 업무 요건을 반영하며 이슈 사항들을 해결하여 최적의 모델을 생성하는 작업으로 목표 데이터 모델링을 진행한다.

3.5.1 개괄모델 및 주제영역 정의

앞 장에서 분석한 현행 데이터 모델의 문제점 및 개선 방안, 신규 요건 및 목표 데이터 모델의 방향성을 고려하여 건축물의 조감도에 해당하는 데이터의 최상위 집합으로써 기존 엔터티를 추상화하여 주제영역을 설정하고 주제영역 간 관계를 고려하여 개괄 모델을 작성한다.

주제영역의 작성 기준 즉, 데이터 관점의 분류 측면, 개별성격의 영역 측면, 주제영역 간 균형 측면 및 주제영역 간 관계 측면을 고려하여 주제영역을 도출하고 관계를 설정한다.

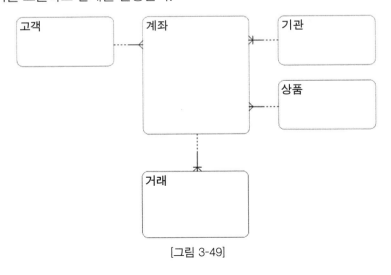

[그림 3-49]

주제영역	정의
고객	마이데이터 사업자에게서 인증을 통해 선택한 금융기관에 흩어져 있는 개인의 금융정보를 통합하여 제공받고자 하는 고객의 영역
기관	금융기관, 중계기관 및 마이데이터 사업자 등 기관 관련 영역
계좌	금융기관의 계좌 정보를 통합한 계좌/계약 등의 영역
거래	금융기관의 계좌별로 발생한 입출금, 대출 및 대출 상환 등의 거래내역을 관리하는 영역
상품	금융기관으로부터 API를 통해 수집된 정보 중에서 상품 관련 정보를 통합한 영역

3.5.2 목표 개념 데이터 모델링

목표 개념 데이터 모델은 앞 절에서 기술한 문제점 분석 및 개선 방안을 토대로 현행 개념 데이터 모델을 개선하고 통합하여 향후 데이터 모델의 골격에 해당하는 데이터의 핵심 구조를 정의하는 작업으로써 API별로 작성된 현행 개념 데이터 모델을 통합하여 하나의 목표 개념 데이터 모델을 생성한다. 목표 개념 데이터 모델을 작성함으로써 미래 지향적이고 통합적인 데이터 구조의 방향성을 제시한다.

현행 개념 데이터 모델은 현재의 전체 데이터 구조를 직관적으로 나타내므로 향후 만들어질 데이터 구조의 개선 방안 및 통합방안을 수립하는 기초가 된다.

목표 개념 데이터 모델링은 방법론이나 절차보다는 DA 또는 데이터 모델러의 역량과 경험이 모델링 결과에 많은 영향을 미친다. DA와 데이터 모델러는 목표 개념 데이터 모델 단계에서 많은 시간을 할애하여 목표 데이터 모델의 구조를 다각도로 고민하고 또 고민하여 개선 방안 및 통합방안과 향후 데이터 구조의 방향성을 수립한다.

필요시 여러 개의 방안을 수립하고 검토하여 하나의 방안을 채택한다. 최종 방안이 결정되면 논리 데이터 모델뿐만 아니라 물리 데이터 모델까지 영향을 미치고 최종 애플리케이션까지 지대한 영향을 미치므로 이해 당사자 간에 협의하고 심사숙고하여 최종 방안을 채택해야 한다.

앞 장에서 기술한 개괄 데이터 모델에서 고객, 기관, 계좌 및 거래 주제영역을 정의하였는데 개념 데이터 모델에서는 계좌 주제영역을 어떻게 구체화하고 통합화할 것인가에 대해 중점적으로 방안을 모색해 보고자 한다. 다음과 같이 3가지의 통합 방안을 수립하고 검토하여 최종 하나의 방안을 채택해 보자. 다음 절에서 채택된 목표 개념 데이터 모델링 방안으로 목표 논리 데이터 모델링을 수행하고 최종 목표 논리 데이터 모델을 작성한다.

3.5.2.1 통합 방안 - 1안

업권별 계좌 정보를 하나의 통합계좌 엔터티로 통합하고 하위 거래 엔터티도 하나의 엔터티로 통합한다.

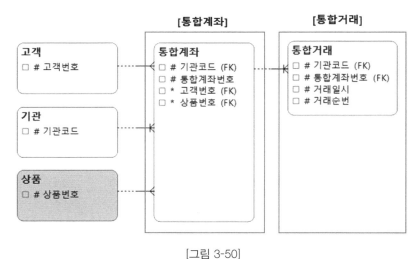

[그림 3-50]

3.5.2.2 통합 방안 - 2안

업권별 계좌 정보의 공통부문을 통합하여 하나의 통합계좌 엔터티로 통합하고 나머지 업권에 관계없이 업무별 속성을 계좌상세 엔터티로 부분통합하며 거래 엔터티도 계좌상세와 동일한 레벨로 통합한다. 계좌 정보의 공통부문은 주로 계좌 목록을 조회하는 API(xxx-001)로 구성된다.

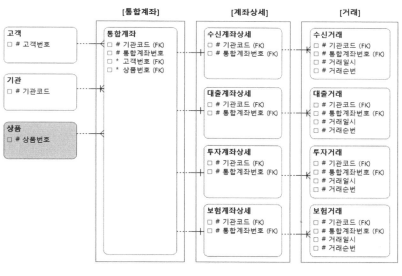

[그림 3-51]

3.5.2.3 통합 방안 - 3안

업권별 계좌 정보의 공통부문을 통합하여 하나의 통합계좌 엔터티로 통합하고 나머지 업권별 업무별 속성을 계좌상세 엔터티로 부분 통합하며 거래 엔터티도 계좌상세와 동일한 레벨로 통합한다. 계좌 정보의 공통부문은 주로 계좌 목록을 조회하는 API(xxx-001)로 구성된다.

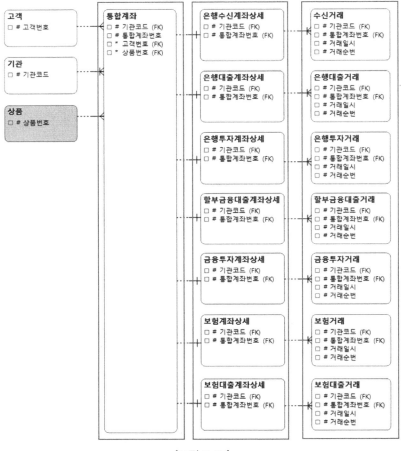

[그림 3-52]

3.5.2.4 데이터 통합 결정 기준

데이터 통합의 결정 기준은 통합하고자 하는 엔터티들의 공통 속성과 개별 속성이 차지하는 비중이 어느 정도인지가 관건이다. 즉, 공통 속성은 다수의 엔터티가 공통으로 관리하는 속성이고 통합시 같은 속성을 사용하므로 문제가 없으나 개별 속성은 엔터티별로 각각 관리되는 속성이므로 통합시 특정 엔터티를 제외하고 나머지는 모두 NULL 값을 가지게 된다.

아래 그림은 공통 속성, 부분 공통 속성 및 개별 속성을 도식화하여 엔터티 통합 여부를 표현한 그림이다. 공통 속성은 하나의 엔터티로 통합하고 부분 공통 속성은 하나의 통합 엔터티로 통합할지 부분 통합할지를 나타내고 있고 개별 속성은 개별 엔터티로 표현하고 있다.

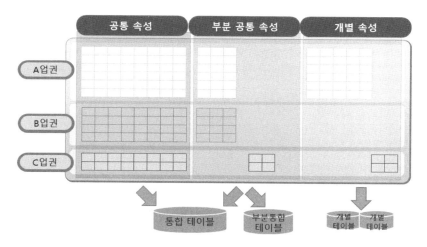

[그림 3-53]

속성의 중요도, 연관성, 활용도 등을 다각도로 분석하여 통합의 정도를 결정한다.

다음 페이지의 그림은 통합하고자 하는 대상 엔터티의 모든 속성을 유니크하게 펼치고 엔터티별로 존재여부를 체크하여 표시한 표이다. 실제 사용하는 속성의 유사도 분석을 엑셀 형태로 분석한 예제이다.

	엔터티A	엔터티B	엔터티C	엔터티D	
속성01	○	○	○	○	
속성02	○	○	○	○	
속성03	○	○	○	○	공통 속성
속성04	○	○	○	○	
속성05	○	○	○	○	
속성06	○	○	○	○	
속성07	○	○			
속성08	○	○			
속성09	○	○			
속성10	○	○			
속성11	○	○			부분 공통 속성
속성12			○	○	
속성13			○	○	
속성14			○	○	
속성15			○	○	
속성16			○	○	
속성17				○	
속성18				○	개별 속성
속성19				○	
속성20				○	

[그림 3-54]

공통 속성이라도 코드인 경우 같은 코드값을 가지는지 확인하고 만약 다르다면 코드 통합 작업을 별도로 수행해야 한다.

그래서 DA 또는 데이터 모델러의 입장에서 엔터티의 통합이 어려운 작업이다. 각각의 엔터티로 그대로 유지하면 속성의 유사도 분석이나 코드 통합 등의 작업이 필요하지 않으나 고객의 통합 뷰 제공, 엔터티의 관리 측면 및 유지보수 향상 등을 위하여 번거롭고도 어려운 엔터티 통합 작업을 진행해야 한다.

3.5.2.5 최종 통합 방안

통합 방안별 장단점은 다음 표와 같다. 각 통합 방안별 장단점을 비교 검토한 결과 이 책에서는 2안으로 진행하기로 최종적으로 결정한다.

구분	1안	2안	3안
개요	통합계좌 + 통합거래 엔터티로 구성	통합계좌 + (업무별)계좌상세 + 거래 엔터티로 구성	통합계좌 + (업권/업무별)계좌상세 + 거래 엔터티로 구성
장점	- 고객별 통합 뷰 제공 용이 - 고객 분석 용이	- 고객별 통합 뷰 제공 용이 - 고객 분석 용이	- 고객별 통합 뷰 제공 가능 - API별 데이터 생성 용이
단점	- API간 공통 속성이 아닌 경우 NULL 속성 다수 존재 - 코드 통합 필요 - API별 데이터 생성이 어려움	- 통합계좌 및 (업무별)계좌상세 엔터티를 항상 같이 처리해야 함 - 코드 통합 필요 - API별 데이터 생성이 다소 어려움	- 통합계좌 및 (업권/업무별)계좌상세 엔터티를 항상 같이 처리 해야 함 - 코드 통합 필요 - (업권/업무별)계좌상세 엔터티가 다수 생성됨 = 통합의 효과 미비 = 결과적으로 1:1로 되어 있는 테이블 병합 수준임

3.5.3 목표 논리 데이터 모델링

목표 개념 데이터 모델링 과정에서 유사/동일 엔터티의 통합방안을 수립하고 검토한 결과 최종적으로 2안 즉, 통합계좌 + (업무별)계좌상세 + 거래 엔터티 구성으로 결정하였으므로 해당 방안으로 목표 논리 데이터 모델링을 수행한다. 목표 논리 데이터 모델은 목표 개념 데이터 모델의 핵심 엔터티뿐만 아니라 대상이 되는 현행 데이터 모델의 모든 엔터티와 속성을 그 대상으로 한다.

3.5.3.1 목표 논리 데이터 모델링 진행

현행 개념 데이터 모델을 통합하여 미래 지향적이고 통합적인 데이터의 핵심 구조를 정의한 목표 개념 데이터 모델을 작성한다. 그리고 이 목표 개념 데이터 모델을 기준으로 현행 데이터 모델의 문제점을 개선한 방안을 반영하여 목표 논리 데이터 모델을 생성한다.

목표 논리 데이터 모델은 현행 테이블을 누락 없이 모두 반영해야 하므로 아래 표와 같이 TO-BE vs. AS-IS 엔터티 매핑 작업을 하면서 진행한다. 즉, 목표 엔터티가 어느 현행 테이블로부터 매핑 되는지를 표시하고 또한 언제 작업하였는지를 기록하는 작업 문서이다.

TO-BE	AS-IS	작업일자	비고
통합계좌	은행-001		
통합계좌	할부금융-001		
통합계좌	보험-001		
통합계좌	보험-008		
통합계좌	금투-001		
수신계좌상세	은행-002		병합
수진계좌상세	은행-003		병합
수신거래	은행-004		
대출계좌상세	은행-008		
대출계좌상세	은행-009		
대출계좌상세	할부금융-002		
대출계좌상세	할부금융-003		
대출계좌상세	할부금융-005		
대출계좌상세	보험-009		
대출계좌상세	보험-010		

TO-BE	AS-IS	작업일자	비고
대출거래	은행-001		
대출거래	할부금융-004		
대출거래	할부금융-006		
대출거래	보험-011		
대출거래이자	은행-010-2		
대출거래이자	할부금융-004_2		
대출거래이자	보험-011_2		
투자계좌상세	은행-005		
투자계좌상세	은행-006		
투자계좌상세	금투-002		
투자거래	은행-007		
투자거래	금투-003		
투자계좌상품상세	금투-004		
연금계좌상세	금투-005		
보험계좌상세	보험-002		병합
보험계좌상세	보험-005		병합
보험거래	보험-006		
피보험자상세	보험-002_2		
보험특약상세	보험-003		
보험담보상세	보험-012		
자동차보험계좌상세	보험-004		
자동차보험거래	보험-007		
고객	고객		
기관	기관		

필요시 주요 속성 매핑도 하면서 진행한다. 속성 매핑은 추후 이행 정의를 하기 위한 기초자료로 활용된다.

이 책에서는 현행 테이블의 수가 많지 않지만 실무에서는 수백 또는 수천 개의 테이블을 작업해야 하므로 단시간에 작업할 수가 없다. 현행 테이블의 수가 많고 구조의 변화가 많다면 실제로 특정 현행 테이블을 제대로 반영했는지가 혼동될 수 있다.

따라서 누락 없이 작업을 끝내기 위해서 작업여부를 별도로 상세하게 관리한다. 작업여부를 관리하면서 실행여부뿐만 아니라 실제 작업일자도 관리하면 좀더 자세한 진행 경과를 알 수 있으므로 앞 페이지의 표에서처럼 작업일자를 관리한다. 작업일자를 관리하면 업무를 진행하면서 하루에 몇 개의 현행 테이블을 작업하는지 파악할 수 있고 일정상 납기일에 맞게 프로젝트를 종료하는데 문제가 없는지 중간 중간 확인하면서 진행할 수 있다.

TO-BE vs. AS-IS 엔터티 매핑을 하면서 실제로는 목표 논리 데이터 모델을 생성한다. 작업 순서는 핵심이 되는 엔터티부터 시작하여 개별 엔터티를 모두 진행한다.

일반적으로 행위 주체인 고객 또는 기관 엔터티를 먼저 수행하지만 이 책에서는 고객 및 기관 엔터티가 이미 통합되어 있으므로 메인 엔터티인 통합계좌 엔터티부터 작업을 시작해 보자.

첫째, 핵심이 되는 통합계좌 엔터티부터 진행한다.

통합계좌 엔터티는 다음 페이지에서와 같이 5개의 현행 테이블과 매핑이 되므로 현행 테이블의 모든 속성을 나열하고 속성 간의 유사도를 분석해서 논리 데이터 모델링을 진행한다.

TO-BE	AS-IS	작업일자	비고
통합계좌	은행-001		
통합계좌	할부금융-001		
통합계좌	보험-001		
통합계좌	보험-008		
통합계좌	금투-001		

5개의 현행 테이블의 모든 속성을 TO-BE 기준으로 나열한 결과는 다음
과 같다.

[그림 3-55]

위의 표는 글자가 잘 보이지 않으므로 다음과 같이 엔터티별로 표시하여
이해를 돕고자 한다.

TOBE		ASIS		
엔터티명	속성명	엔터티명1	속성명1	컬럼명1
통합계좌	기관코드	은행001	기관코드	ORG_CODE
통합계좌	통합계좌번호	은행001	계좌번호||회차번호	
통합계좌	계좌번호	은행001	계좌번호	ACCOUNT_NUM
통합계좌	회차번호	은행001	회차번호	SEQNO
통합계좌	고객번호	은행001	고객번호	CUST_NO
통합계좌	최초고객생성일자	은행001	고객정보최초생성일	REG_DATE
통합계좌	전송요구여부	은행001	전송요구여부	IS_CONSENT
통합계좌	외화계좌여부	은행001	외화계좌여부	IS_FOREIGN_DEPOSIT
통합계좌	상품번호	은행001	상품명에서 상품번호로 변환	
통합계좌	마이너스약정여부	은행001	마이너스약정여부	IS_MINUS
통합계좌	통합계좌구분코드	은행001	계좌구분코드	ACCOUNT_TYPE
통합계좌	통합계좌상태코드	은행001	계좌상태코드	ACCOUNT_STATUS
통합계좌	세제혜택적용여부			
통합계좌	계좌계설일자			

[그림 3-56]

여기에서 중요한 것은 통합계좌번호, 통합계좌구분코드, 통합계좌상태
코드 및 상품번호이다.

통합계좌번호는 유사 시스템 간 비교 분석에서 언급했던 것처럼 추가되
는 식별자로써 '계좌번호||회차번호' 규칙으로 생성하고 AS-IS의 계좌번
호와 회차번호는 그대로 일반속성으로 유지한다.

상품번호는 상품명으로부터 매핑되는 상품번호로 변환하여 적용한다.
상품 엔터티에 대해서는 본 장의 투자거래 엔터티 관련 내용에서 상세히
기술한다.

TOBE 엔터티명	속성명	ASIS 엔터티명2	속성명2	컬럼명2
통합계좌	기관코드	할부금융001	기관코드	ORG_CODE
통합계좌	통합계좌번호	할부금융001	계좌번호||회차번호	
통합계좌	계좌번호	할부금융001	계좌번호	ACCOUNT_NUM
통합계좌	회차번호	할부금융001	회차번호	SEQNO
통합계좌	고객번호	할부금융001	고객번호	CUST_NO
통합계좌	최초고객생성일자	할부금융001	최초고객DB생성일	REG_DATE
통합계좌	전송요구여부	할부금융001	전송요구여부	IS_CONSENT
통합계좌	외화계좌여부			
통합계좌	상품번호	할부금융001	상품명에서 상품번호로 변환	
통합계좌	마이너스약정여부			
통합계좌	통합계좌구분코드	할부금융001	계좌구분코드	ACCOUNT_TYPE
통합계좌	통합계좌상태코드	할부금융001	계좌상태코드	ACCOUNT_STATUS
통합계좌	세제혜택적용여부			
통합계좌	계좌계설일자			

TOBE 엔터티명	속성명	ASIS 엔터티명3	속성명3	컬럼명3
통합계좌	기관코드	보험001	기관코드	ORG_CODE
통합계좌	통합계좌번호	보험001	증권번호	INSU_NUM
통합계좌	계좌번호	보험001	증권번호	INSU_NUM
통합계좌	회차번호			
통합계좌	고객번호	보험001	고객번호	CUST_NO
통합계좌	최초고객생성일자			
통합계좌	전송요구여부	보험001	전송요구여부	IS_CONSENT
통합계좌	외화계좌여부			
통합계좌	상품번호	보험001	상품명에서 상품번호로 변환	
통합계좌	마이너스약정여부			
통합계좌	통합계좌구분코드	보험001	보험종류구분코드	INSU_TYPE
통합계좌	통합계좌상태코드	보험001	계약상태코드	INSU_STATUS
통합계좌	세제혜택적용여부			
통합계좌	계좌계설일자			

TOBE		ASIS		
엔터티명	속성명	엔터티명4	속성명4	컬럼명4
통합계좌	기관코드	보험008	기관코드	ORG_CODE
통합계좌	통합계좌번호	보험008	계좌번호	ACCOUNT_NUM
통합계좌	계좌번호	보험008	계좌번호	ACCOUNT_NUM
통합계좌	회차번호			
통합계좌	고객번호	보험008	고객번호	CUST_NO
통합계좌	최초고객생성일자			
통합계좌	전송요구여부	보험008	전송요구여부	IS_CONSENT
통합계좌	외화계좌여부			
통합계좌	상품번호	보험008	상품명에서 상품번호로 변환	
통합계좌	마이너스약정여부			
통합계좌	통합계좌구분코드	보험008	계좌번호별구분코드	ACCOUNT_TYPE
통합계좌	통합계좌상태코드	보험008	계좌번호별상태코드	ACCOUNT_STATUS
통합계좌	세제혜택적용여부			
통합계좌	계좌개설일자			

TOBE		ASIS		
엔터티명	속성명	엔터티명5	속성명5	컬럼명5
통합계좌	기관코드	금투001	기관코드	ORG_CODE
통합계좌	통합계좌번호	금투001	계좌번호	ACCOUNT_NUM
통합계좌	계좌번호	금투001	계좌번호	ACCOUNT_NUM
통합계좌	회차번호			
통합계좌	고객번호	금투001	고객번호	CUST_NO
통합계좌	최초고객생성일자			
통합계좌	전송요구여부	금투001	전송요구여부	IS_CONSENT
통합계좌	외화계좌여부			
통합계좌	상품번호	금투001	계좌명에서 상품번호로 변환	
통합계좌	마이너스약정여부			
통합계좌	통합계좌구분코드	금투001	계좌종류코드	ACCOUNT_TYPE
통합계좌	통합계좌상태코드			
통합계좌	세제혜택적용여부	금투001	세제혜택적용여부	IS_TAX_BENEFITS
통합계좌	계좌개설일자	금투001	계좌개설일	ISSUE_DATE

[그림 3-57]

또한, 통합계좌구분코드와 통합계좌상태코드는 코드를 통합하고 추후 코드 매핑 테이블을 생성한다.

통합계좌 엔터티의 통합계좌구분코드 속성의 경우 다음 페이지와 같이 현행 테이블의 속성 및 관련 코드가 매핑이 된다. 관련 코드는 금융분야 마이데이터 표준 API 규격 내 첨부에 기술되어 있다.

TO-BE		AS-IS			
엔터티명	속성명	엔터티명	속성명	컬럼명	첨부
통합계좌	통합계좌구분코드	은행001	계좌구분코드	ACCOUNT_TYPE	[첨부3]
		할부금융01	계좌상태코드	ACCOUNT_STATUS	[첨부3]
		보험001	보험종류구분코드	INSU_TYPE	[첨부7]
		보험008	계좌번호별구분코드	ACCOUNT_TYPE	[첨부3]
		금투001	계좌종류코드	ACCOUNT_TYPE	[첨부3]
		보증보험01	보험종류구분코드	INSU_TYPE	[첨부7]

[그림 3-58]

관련 코드를 매핑하면 다음과 같다. 통합계좌구분코드는 일부는 기존 코드를 사용하고 나머지는 신규로 부여한다는 등의 의사결정을 관련자들이 잘 협의하여 진행해야 한다.

다음의 통합계좌구분코드의 값은 저자가 부여한 결과이다.

통합계좌구분코드	통합계좌구분명	계좌 유형	계좌 종류	구분 코드(은행) 계좌 종류	구분 코드(종류) 보험종류	보험종류 코드
31001	자유입출식	수신상품	자유입출식	1001		
31002	예금		예금	1002		
31003	적금		적금	1003		
31004	수신상품_기타		기타	1004		
32001	수익증권	투자상품	수익증권	2001		
32002	신탁		신탁	2002		
32003	신탁형 ISA		신탁형 ISA	2003		
32004	일임형 ISA		일임형 ISA	2004		
32999	투자상품_기타		기타	2999		
33100	신용대출	대출상품	신용대출	3100		
33150	햇살금대출		햇살금대출	3150		
33170	전세자금대출		전세자금대출	3170		
33200	예·적금담보대출		담보대출 예·적금담보대출	3200		
33210	유가증권(주식,채권,펀드 등)담보대출		유가증권(주식,채권,펀드 등)담보대출	3210		
33220	주택보증대출		주택보증대출	3220		
33230	주택외 부동산(토지,상가등)담보대출		주택외 부동산(토지,상가등)담보대출	3230		
33240	지급보증(보증서) 담보대출		지급보증(보증서) 담보대출	3240		
33245	보금자리론		보금자리론	3245		
33250	햇살론(지급보증)보대출		햇살론(지급보증)보대출	3250		
33260	주택연금대출		주택연금대출	3260		
33270	전세자금(보증서, 질권 등)대출		전세자금(보증서, 질권 등)대출	3270		
33271	전세보증금 납보대출		전세보증금 납보대출	3271		
33290	기타 담보대출		기타 담보대출	3290		
33400	보험계약대출		보험계약대출	3400		
33500	신차 할부금융	할부금융	신차 할부금융	3500		
33510	중고차 할부금융		중고차 할부금융	3510		
33590	기타 할부금융		기타 할부금융	3590		
33700	금융리스	리스	금융리스	3700		
33710	운용리스		운용리스	3710		
33999	대출상품_기타	기타		3999		
39R01	종합매매				종합매매	101
39R02	위탁				위탁	102
39R03	파생상품				파생상품	103
39R04	단기금융상품				단기금융상품	104
39R05	연금				연금	105
39R06	현물				현물	106
39R07	집합투자증권				집합투자증권	107
39R08	ISA				ISA	108
39R90	금융투자_기타				기타	190
70001	종신보험				종신보험	01
70002	정기보험				정기보험	02
70003	질병(건강)보험				질병건강보험	03
70004	상해보험				상해보험	04
70005	암보험				암보험	05
70006	간병(요양)보험				간병요양보험	06
70007	어린이보험				어린이보험	07
70008	치아보험				치아보험	08
70009	연금저축보험				연금저축보험	09
70010	연금보험				연금보험	10
70011	저축성보험(양로보험 포함)				저축보험(양로보험 포함)	11
70012	교육보험				교육보험	12
70013	운전자보험				운전자보험	13
70014	여행자보험				여행자보험	14
70015	골프보험				골프보험	15
70016	실손의료보험				실손의료보험	16
70017	자동차보험				자동차보험	17
70018	화재/재물보험				화재/재물보험	18
70019	배상책임보험				배상책임보험	19
70020	보증(신용)보험				보증(신용)보험	20
70021	펫보험				펫보험	21
70022	종합보험				종합보험	22
70099	기타보험				기타보험	99

[그림 3-59]

둘째, 통합계좌 엔터티의 자식 엔터티를 진행한다. 수신계좌상세 엔터티는 현행 테이블 2개를 단순히 병합하는 경우이다.

TO-BE	AS-IS	작업일자	비고
수신계좌상세	은행-002		병합
수신계좌상세	은행-003		병합

즉, 은행002 테이블과 은행003 테이블이 1:1 관계이고 통합하는 것이 아닌 병합해서 수신계좌상세 엔터티를 생성한다.

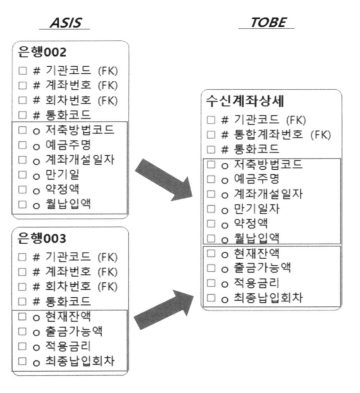

[그림 3-60]

셋째, 수신계좌상세 엔터티의 자식 엔터티인 수신거래 엔터티는 하나의 AS-IS 테이블이 하나의 목표 엔터티로 매핑되는 경우이다.

TO-BE	AS-IS	작업일자	비고
수신거래	은행-004		

이 경우는 간단한 형태이고 해당 엔터티에 AS-IS 테이블의 속성을 TO-BE에 맞게 반영하여 데이터 모델을 작성한다.

[그림 3-61]

위에 기술한 통합계좌, 수신계좌상세 및 수신거래 엔터티의 논리 데이터 모델은 다음과 같다.

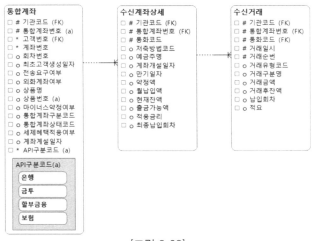

[그림 3-62]

추가로 통합계좌 엔터티에 API의 출처를 확인하기 위해 API구분코드 속성을 추가하고 서브타입으로 표현한다.

대출계좌상세/대출거래 엔터티, 투자계좌상세/투자거래 및 보험계좌상세/보험거래 엔터티도 수신계좌상세/수신거래 엔터티와 같은 방법으로 진행한다.

넷째, 핵심 이외의 나머지 엔터티의 경우 현행 테이블을 보면서 관리하고자 하는 것이 무엇인지 확인한 후 목표 엔터티를 생성하고 엔터티명을 명명하고 속성을 매핑한다. 예를 들면 다음과 같다.

TO-BE	AS-IS	작업일자	비고
대출거래이자	은행-010_2		
대출거래이자	할부금융-004_2		
대출거래이자	보험-004_2		
피보험자상세	보험-002_2		
보험특약상세	보험-003		
보험담보상세	보험-012		

대출거래이자 엔터티를 매핑하면 다음과 같다.

TOBE		ASIS								
엔터티명	속성명	엔터티1	속성명1	컬럼명1	엔터티명2	속성명2	컬럼명2	엔터티명3	속성명3	컬럼명3
대출거래이자	기관코드	은행010-2	기관코드	ORG_CODE	할부금융004_2	기관코드	ORG_CODE	보험011_2	기관코드	ORG_CODE
대출거래이자	통합계좌번호	은행010-2	계좌번호II회차번호		할부금융004_2	계좌번호II회차번호		보험011_2	계좌번호	ACCOUNT_NUM
대출거래이자	거래일시	은행010-2	거래일시	TRANS_DTIME	할부금융004_2	거래일시	TRANS_DTIME	보험011_2	거래일시	TRANS_DTIME
대출거래이자	거래순번	은행010-2	거래번호	TRANS_NO	할부금융004_2	거래번호	TRANS_NO	보험011_2	거래번호	TRANS_NO
대출거래이자	이자적용시작일자	은행010-2	이자적용시작일	INT_START_DATE	할부금융004_2	이자적용시작일	INT_START_DATE	보험011_2	이자적용시작일	INT_START_DATE
대출거래이자	이자적용종료일자	은행010-2	이자적용종료일	INT_END_DATE	할부금융004_2	이자적용종료일	INT_END_DATE	보험011_2	이자적용종료일	INT_END_DATE
대출거래이자	적용이율	은행010-2	적용이율	INT_RATE	할부금융004_2	적용이율	INT_RATE		적용이율	INT_RATE
대출거래이자	이자금액	은행010-2	이자금액	APPLIED_INT_AMT	할부금융004_2	이자금액	APPLIED_INT_AMT			
대출거래이자	이자종류코드	은행010-2	이자종류코드	INT_TYPE	할부금융004_2	이자종류코드	INT_TYPE	보험011_2	이자종류코드	INT_TYPE

[그림 3-63]

위의 표는 글자가 잘 보이지 않으므로 엔터티별로 표시하여 이해를 돕고자 한다.

TOBE		ASIS		
엔터티명	속성명	엔터티명1	속성명1	컬럼명1
대출거래이자	기관코드	은행010-2	기관코드	ORG_CODE
대출거래이자	통합계좌번호	은행010-2	계좌번호||회차번호	
대출거래이자	거래일시	은행010-2	거래일시	TRANS_DTIME
대출거래이자	거래순번	은행010-2	거래번호	TRANS_NO
대출거래이자	이자적용시작일자	은행010-2	이자적용시작일	INT_START_DATE
대출거래이자	이자적용종료일자	은행010-2	이자적용종료일	INT_END_DATE
대출거래이자	적용이율	은행010-2	적용이율	INT_RATE
대출거래이자	이자금액	은행010-2	이자금액	APPLIED_INT_AMT
대출거래이자	이자종류코드	은행010-2	이자종류코드	INT_TYPE

TOBE		ASIS		
엔터티명	속성명	엔터티명2	속성명2	컬럼명2
대출거래이자	기관코드	할부금융004_2	기관코드	ORG_CODE
대출거래이자	통합계좌번호	할부금융004_2	계좌번호||회차번호	
대출거래이자	거래일시	할부금융004_2	거래일시	TRANS_DTIME
대출거래이자	거래순번	할부금융004_2	거래번호	TRANS_NO
대출거래이자	이자적용시작일자	할부금융004_2	이자적용시작일	INT_START_DATE
대출거래이자	이자적용종료일자	할부금융004_2	이자적용종료일	INT_END_DATE
대출거래이자	적용이율	할부금융004_2	적용이율	INT_RATE
대출거래이자	이자금액	할부금융004_2	이자금액	APPLIED_INT_AMT
대출거래이자	이자종류코드	할부금융004_2	이자종류코드	INT_TYPE

TOBE		ASIS		
엔터티명	속성명	엔터티명3	속성명3	컬럼명3
대출거래이자	기관코드	보험011_2	기관코드	ORG_CODE
대출거래이자	통합계좌번호	보험011_2	계좌번호	ACCOUNT_NUM
대출거래이자	거래일시	보험011_2	거래일시	TRANS_DTIME
대출거래이자	거래순번	보험011_2	거래번호	TRANS_NO
대출거래이자	이자적용시작일자	보험011_2	이자적용시작일	INT_START_DATE
대출거래이자	이자적용종료일자	보험011_2	이자적용종료일	INT_END_DATE
대출거래이자	적용이율	보험011_2	적용이율	INT_RATE
대출거래이자	이자금액			
대출거래이자	이자종류코드	보험011_2	이자종류코드	INT_TYPE

[그림 3-64]

나머지 1:1 인 경우는 다음과 같다.

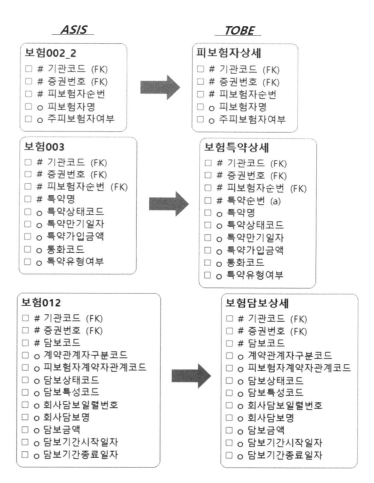

[그림 3-65]

마지막으로, 목표 개념 데이터 모델에 상품 엔터티를 추가하고 관계를 설정했는데 이와 관련해서 투자거래 엔터티를 살펴보자.

| TOBE | | ASIS | | | | | |
엔터티명	속성명	엔터티명	속성명	컬럼명	엔터티명	속성명	컬럼명
투자거래	기관코드	은행007	기관코드	ORG_CODE	금투003	기관코드	ORG_CODE
투자거래	통합계좌번호	은행007	계좌번호||회차번호		금투003	계좌번호	ACCOUNT_NUM
투자거래	거래일시	은행007	거래일시	TRANS_DTIME	금투003	거래일시	TRANS_DTIME
투자거래	거래순번	은행007	거래번호	TRANS_NO	금투003	거래번호	TRANS_NO
투자거래	상품번호				금투003	종목코드	PROD_CODE
투자거래	거래유형코드	은행007	거래유형코드	TRANS_TYPE	금투003	거래종류코드	TRANS_TYPE
투자거래	거래종류상세명				금투003	거래종류상세명	TRANS_TYPE_DETAIL
투자거래	거래수량	은행007	거래좌수	TRANS_FUND_NUM	금투003	거래수량	TRANS_NUM
투자거래	거래단가	은행007	기준가	BASE_AMT	금투003	거래단가	BASE_AMT
투자거래	거래금액	은행007	거래금액	TRANS_AMT	금투003	거래금액	TRANS_AMT
투자거래	정산금액				금투003	정산금액	SETTLE_AMT
투자거래	거래후잔액	은행007	거래후잔고평가금액	BALANCE_AMT	금투003	거래후잔액	BALANCE_AMT
투자거래	통화코드	은행007	통화코드	CURRENCY_CODE	금투003	통화코드	CURRENCY_CODE
투자거래	해외주식거래소코드				금투003	해외주식거래소코드	EX_CODE

| TOBE | | ASIS | | |
엔터티명	속성명	엔터티명	속성명	컬럼명
투자거래	기관코드	은행007	기관코드	ORG_CODE
투자거래	통합계좌번호	은행007	계좌번호||회차번호	
투자거래	거래일시	은행007	거래일시	TRANS_DTIME
투자거래	거래순번	은행007	거래번호	TRANS_NO
투자거래	상품번호			
투자거래	거래유형코드	은행007	거래유형코드	TRANS_TYPE
투자거래	거래종류상세명			
투자거래	거래수량	은행007	거래좌수	TRANS_FUND_NUM
투자거래	거래단가	은행007	기준가	BASE_AMT
투자거래	거래금액	은행007	거래금액	TRANS_AMT
투자거래	정산금액			
투자거래	거래후잔액	은행007	거래후잔고평가금액	BALANCE_AMT
투자거래	통화코드	은행007	통화코드	CURRENCY_CODE
투자거래	해외주식거래소코드			

| TOBE | | ASIS | | |
엔터티명	속성명	엔터티명	속성명	컬럼명
투자거래	기관코드	금투003	기관코드	ORG_CODE
투자거래	통합계좌번호	금투003	계좌번호	ACCOUNT_NUM
투자거래	거래일시	금투003	거래일시	TRANS_DTIME
투자거래	거래순번	금투003	거래번호	TRANS_NO
투자거래	상품번호	금투003	종목코드	PROD_CODE
투자거래	거래유형코드	금투003	거래종류코드	TRANS_TYPE
투자거래	거래종류상세명	금투003	거래종류상세명	TRANS_TYPE_DETAIL
투자거래	거래수량	금투003	거래수량	TRANS_NUM
투자거래	거래단가	금투003	거래단가	BASE_AMT
투자거래	거래금액	금투003	거래금액	TRANS_AMT
투자거래	정산금액	금투003	정산금액	SETTLE_AMT
투자거래	거래후잔액	금투003	거래후잔액	BALANCE_AMT
투자거래	통화코드	금투003	통화코드	CURRENCY_CODE
투자거래	해외주식거래소코드	금투003	해외주식거래소코드	EX_CODE

[그림 3-66]

AS-IS의 종목코드가 TO-BE 엔터티에서는 상품번호로 매핑된다.

기본키가 아닌 속성 간에는 종속될 수 없고 속성 간의 종속성을 배제하여 제3정규형으로 데이터 모델을 작성한다. 그런데 이 책의 예제는 API를 통해서 다수의 금융기관으로부터 상품코드와 상품명을 수신하므로 상품 데이터를 구축하기가 쉽지 않다.

이 책은 원칙적인 부분을 강조해야 해서 코드명을 제외하고 코드만을 적용하는 형태를 유지한다. 즉, 상품 엔터티를 생성해서 상품 데이터를 관리할 수 있는 기반을 마련한다. 특히, 각 금융기관과 협조하여 건별 API가 아닌 상품정보 전체를 미리 수신하여 상품 데이터를 구축한다.

[그림 3-67]

최종 목표 논리 데이터 모델은 다음과 같다. 공통코드 엔터티와 코드 매핑 엔터티는 목표 논리 데이터 모델에서 생략한다.

[그림 3-68]

참고로, 현행 테이블 분석 및 개선 방안과 실제로 목표 논리 데이터 모델의 적용 여부와 관련하여 일반적으로는 보고서를 작성하여 어떻게 적용되었는지 고객과 업무 관련자에게 상세히 설명하나 이 책에서는 해당 내용을 쉽게 확인할 수 있으므로 생략한다.

3.5.3.2 신규 업무 논리 데이터 모델 반영

앞 장에서 기술한 것처럼 신규 업무는 보증보험 관련 3개의 테이블을 목표 논리 데이터 모델에 반영하는 것이다.

먼저 신규 업무의 해당 테이블이 목표 엔터티를 신규로 추가하는 건인지 아니면 기존에 작성된 목표 논리 데이터 모델에 반영되는 건인지를 검토해야 한다.

해당 현행(AS-IS) 테이블은 다음과 같이 앞에서 이미 진행되어 만들어진 목표(TO-BE) 엔터티에 매핑된다. 따라서, 추가 엔터티는 발생하지 않는다.

TO-BE	AS-IS	작업일자	비고
통합계좌	보증보험-001		
보험계좌상세	보증보험-002		
피보험자상세	보증보험-002		
보험거래	보증보험-003		

현행 테이블별 속성 매핑은 다음과 같다.

TOBE		ASIS		
엔터티명	속성명	엔터티명	속성명	컬럼명
통합계좌	기관코드	보험보증-001	기관코드	ORG_CODE
통합계좌	통합계좌번호	보험보증-001	증권번호	INSU_NUM
통합계좌	계좌번호	보험보증-001	증권번호	INSU_NUM
통합계좌	회차번호			
통합계좌	고객번호	보험보증-001	고객번호	CUST_NO
통합계좌	최초고객생성일자			
통합계좌	전송요구여부	보험보증-001	전송요구여부	IS_CONSENT
통합계좌	외화계좌여부			
통합계좌	상품명	보험보증-001	상품명	PROD_NAME
통합계좌	마이너스약정여부			
통합계좌	통합계좌구분코드	보험보증-001	보험종류구분코드	INSU_TYPE
통합계좌	통합계좌상태코드	보험보증-001	계약상태코드	INSU_STATUS
통합계좌	세제혜택적용여부			
통합계좌	계좌계설일자			

TOBE		ASIS		
엔터티명	속성명	엔터티명	속성명	컬럼명
보험계좌상세	기관코드	보증보험-002	기관코드	ORG_CODE
보험계좌상세	증권번호	보증보험-002	증권번호	INSU_NUM
보험계좌상세	갱신여부			
보험계좌상세	계약체결일자	보증보험-002	계약체결일	ISSUE_DATE
보험계좌상세	만기일자	보증보험-002	종료일자	EXP_DATE
보험계좌상세	보험가입금액	보증보험-002	보험가입금액	FACE_AMT
보험계좌상세	통화코드			
보험계좌상세	변액보험여부			
보험계좌상세	유니버셜여부			
보험계좌상세	연금개시일자			
보험계좌상세	연금수령주기			
보험계좌상세	대출실행가능상품여부			
보험계좌상세	납입기간구분코드	보증보험-002	납입기간구분 (코드)	PAY_DUE
보험계좌상세	납입주기코드			
보험계좌상세	총납입횟수			
보험계좌상세	납입기관코드			
보험계좌상세	납입일자			
보험계좌상세	납입종료일자			
보험계좌상세	납입보험료			
보험계좌상세	자동대출납입신청여부			
보험계좌상세	총납입보험료	보증보험-002	총 납입 보험료	PAY_AMT

[그림 3-69]

보험계좌상세 엔터티에 보증보험-002 테이블에 존재하는 속성 '총납입
보험료'가 존재하지 않아 해당 속성을 추가한다.

TOBE		ASIS		
엔터티명	속성명	엔터티명	속성명	컬럼명
피보험자상세	기관코드	보증보험-002	기관코드	ORG_CODE
피보험자상세	증권번호	보증보험-002	증권번호	INSU_NUM
피보험자상세	피보험자순번			
피보험자상세	피보험자명	보증보험-002	피보험자명	INSURED_NAME
피보험자상세	주피보험자여부			

TOBE		ASIS		
엔터티명	속성명	엔터티명	속성명	컬럼명
보험거래	기관코드	보증보험-003	기관코드	ORG_CODE
보험거래	증권번호	보증보험-003	증권번호	INSU_NUM
보험거래	납입일자	보증보험-003	납입일자	TRANS_DATE
보험거래	납입년월			
보험거래	납입회차	보증보험-003	납입회차	TRANS_NO
보험거래	실납입보험료	보증보험-003	실납입 보험료	PAID_AMT
보험거래	통화코드			
보험거래	수금방법코드	보증보험-003	수금방법 (코드)	PAY_METHOD

[그림 3-70]

신규 요건에 해당하는 데이터 모델의 적용 결과는 다음과 같다. 통합계좌 엔터티의 API구분코드의 서브타입에 '보증보험'이 추가되고 보험계좌상세 엔터티에 총납입보험료 속성이 추가된다.

[그림 3-71]

3.5.3.3 TO-BE vs. AS-IS 속성 매핑 결과

앞 절에서 현행 테이블의 통합, 병합 또는 재배치 등의 작업을 통해 목표 논리 데이터 모델을 작성하였다. 엔터티 매핑은 앞 절에서 기술하였고 본 절에서는 향후 AS-IS 데이터를 이행하기 위한 속성 매핑에 대해 알아봤다. 신규 업무인 보증보험 업권의 속성 매핑은 앞 장에서 확인 가능하므로 여기서는 제외한다. 경우에 따라서 AS-IS vs. TO-BE 속성 매핑을 작성하여 현행 테이블의 특정 속성이 누락 없이 TO-BE로 매핑되는지 확인한다. 특정 속성을 TO-BE로 매핑하는 것을 제외하는 경우 제외 사유를 반드시 기술한다.

[첨부]

[첨부1] 현행 테이블 목록

스키마	테이블명	테이블 한글명	테이블 설명
MYD	MYD_BA01	은행-001	계좌 목록 조회
MYD	MYD_BA02	은행-002	수신계좌 기본정보 조회
MYD	MYD_BA03	은행-003	수신계좌 추가정보 조회
MYD	MYD_BA04	은행-004	수신계좌 거래내역 조회
MYD	MYD_BA11	은행-005	투자상품계좌 기본정보 조회
MYD	MYD_BA12	은행-006	투자상품계좌 추가정보 조회
MYD	MYD_BA13	은행-007	투자상품계좌 거래내역 조회
MYD	MYD_BA21	은행-008	대출상품계좌 기본정보 조회
MYD	MYD_BA22	은행-009	대출상품계좌 추가정보 조회
MYD	MYD_BA23	은행-010	대출상품계좌 거래내역 조회
MYD	MYD_BA23_2	은행-010-2	대출상품계좌 거래내역 적용이자 조회
MYD	MYD_CP01	할부금융-001	계좌 목록 조회
MYD	MYD_CP02	할부금융-002	대출상품계좌 기본정보 조회
MYD	MYD_CP03	할부금융-003	대출상품계좌 추가정보 조회
MYD	MYD_CP04	할부금융-004	대출상품계좌 거래내역 조회
MYD	MYD_CP04_2	할부금융-004_2	대출상품계좌 거래내역 적용이자 조회
MYD	MYD_CP05	할부금융-005	운용리스 기본정보 조회
MYD	MYD_CP06	할부금융-006	운용리스 거래내역 조회
MYD	MYD_IS01	보험-001	보험 목록 조회
MYD	MYD_IS02	보험-002	보험 기본정보 조회
MYD	MYD_IS02_2	보험-002_2	보험 피보험자 기본정보 조회
MYD	MYD_IS03	보험-003	보험 특약정보 조회
MYD	MYD_IS04	보험-004	자동차보험 정보 조회
MYD	MYD_IS05	보험-005	보험 납입정보 조회
MYD	MYD_IS06	보험-006	보험 거래내역 조회
MYD	MYD_IS07	보험-007	자동차보험 거래내역 조회
MYD	MYD_IS11	보험-008	대출상품 목록 조회
MYD	MYD_IS12	보험-009	대출상품 기본정보 조회
MYD	MYD_IS13	보험-010	대출상품 추가정보 조회
MYD	MYD_IS14	보험-011	대출상품 거래내역 조회
MYD	MYD_IS14_2	보험-011_2	대출상품 거래내역 적용이자 조회

스키마	테이블명	테이블 한글명	테이블 설명
MYD	MYD_IS08	보험-012	보험 보장정보 조회
MYD	MYD_IV01	금투-001	계좌 목록 조회
MYD	MYD_IV02	금투-002	계좌 기본정보 조회
MYD	MYD_IV03	금투-003	계좌 거래내역 조회
MYD	MYD_IV04	금투-004	계좌 상품정보 조회
MYD	MYD_IV05	금투-005	연금 계좌의 추가정보 조회
MYD	MYD_ORG	기관	기관 정보
MYD	MYD_CUST	고객	고객 정보

[첨부2] 컬럼 목록 - 은행 업권

스키마	테이블명	컬럼명	컬럼한글명	데이터타입	PK 여부
MYD	MYD_BA01	ORG_CODE	기관코드	VARCHAR2(10)	Y
MYD	MYD_BA01	ACCOUNT_NUM	계좌번호	VARCHAR2(20)	Y
MYD	MYD_BA01	SEQNO	회차번호	VARCHAR2(7)	Y
MYD	MYD_BA01	CUST_NO	고객번호	VARCHAR2(10)	
MYD	MYD_BA01	REG_DATE	고객정보최초생성일	DATE	
MYD	MYD_BA01	IS_CONSENT	전송요구 여부	VARCHAR2(1)	
MYD	MYD_BA01	IS_FOREIGN_DEPOSIT	외화계좌여부	VARCHAR2(1)	
MYD	MYD_BA01	PROD_NAME	상품명	VARCHAR2(400)	
MYD	MYD_BA01	IS_MINUS	마이너스약정여부	VARCHAR2(1)	
MYD	MYD_BA01	ACCOUNT_TYPE	계좌구분 (코드)	VARCHAR2(4)	
MYD	MYD_BA01	ACCOUNT_STATUS	계좌상태 (코드)	VARCHAR2(2)	
MYD	MYD_BA02	ORG_CODE	기관코드	VARCHAR2(10)	Y
MYD	MYD_BA02	ACCOUNT_NUM	계좌번호	VARCHAR2(20)	Y
MYD	MYD_BA02	SEQNO	회차번호	VARCHAR2(7)	Y
MYD	MYD_BA02	CURRENCY_CODE	통화코드	VARCHAR2(3)	Y
MYD	MYD_BA02	SAVING_METHOD	저축방법	VARCHAR2(2)	
MYD	MYD_BA02	HOLDER_NAME	예금주명	VARCHAR2(20)	
MYD	MYD_BA02	ISSUE_DATE	계좌개설일자	DATE	
MYD	MYD_BA02	EXP_DATE	만기일	DATE	
MYD	MYD_BA02	COMMIT_AMT	약정액	NUMBER(18,3)	
MYD	MYD_BA02	MONTHLY_PAID_IN_AMT	월 납입액	NUMBER(18,3)	
MYD	MYD_BA03	ORG_CODE	기관코드	VARCHAR2(10)	Y

스키마	테이블명	컬럼명	컬럼한글명	데이터타입	PK 여부
MYD	MYD_BA03	ACCOUNT_NUM	계좌번호	VARCHAR2(20)	Y
MYD	MYD_BA03	SEQNO	회차번호	VARCHAR2(7)	Y
MYD	MYD_BA03	CURRENCY_CODE	통화코드	VARCHAR2(3)	Y
MYD	MYD_BA03	BALANCE_AMT	현재잔액	NUMBER(18,3)	
MYD	MYD_BA03	WITHDRAWABLE_AMT	출금 가능액	NUMBER(18,3)	
MYD	MYD_BA03	OFFERED_RATE	적용금리	NUMBER(7,5)	
MYD	MYD_BA03	LAST_PAID_IN_CNT	최종납입회차	NUMBER(3)	
MYD	MYD_BA04	ORG_CODE	기관코드	VARCHAR2(10)	Y
MYD	MYD_BA04	ACCOUNT_NUM	계좌번호	VARCHAR2(20)	Y
MYD	MYD_BA04	SEQNO	회차번호	VARCHAR2(7)	Y
MYD	MYD_BA04	TRANS_DTIME	거래일시 또는 거래일자	DATE	Y
MYD	MYD_BA04	TRANS_NO	거래번호	VARCHAR2(64)	Y
MYD	MYD_BA04	TRANS_TYPE	거래유형 (코드)	VARCHAR2(2)	
MYD	MYD_BA04	TRANS_CLASS	거래구분	VARCHAR2(15)	
MYD	MYD_BA04	CURRENCY_CODE	통화코드	VARCHAR2(3)	
MYD	MYD_BA04	TRANS_AMT	거래금액	NUMBER(18,3)	
MYD	MYD_BA04	BALANCE_AMT	거래 후 잔액	NUMBER(18,3)	
MYD	MYD_BA04	PAID_IN_CNT	납입회차	NUMBER(3)	
MYD	MYD_BA04	TRANS_MENO	적요	VARCHAR2(90)	
MYD	MYD_BA11	ORG_CODE	기관코드	VARCHAR2(10)	Y
MYD	MYD_BA11	ACCOUNT_NUM	계좌번호	VARCHAR2(20)	Y
MYD	MYD_BA11	SEQNO	회차번호	VARCHAR2(7)	Y
MYD	MYD_BA11	CUST_NO	고객번호	VARCHAR2(10)	
MYD	MYD_BA11	STANDARD_FUND_CODE	표준펀드코드	VARCHAR2(12)	
MYD	MYD_BA11	PAID_IN_TYPE	납입유형 (코드)	VARCHAR2(2)	
MYD	MYD_BA11	ISSUE_DATE	개설일	DATE	
MYD	MYD_BA11	EXP_DATE	만기일	DATE	
MYD	MYD_BA12	ORG_CODE	기관코드	VARCHAR2(10)	Y
MYD	MYD_BA12	ACCOUNT_NUM	계좌번호	VARCHAR2(20)	Y
MYD	MYD_BA12	SEQNO	회차번호	VARCHAR2(7)	Y
MYD	MYD_BA12	CURRENCY_CODE	통화코드	VARCHAR2(3)	
MYD	MYD_BA12	BALANCE_AMT	잔액	NUMBER(18,3)	
MYD	MYD_BA12	EVAL_AMT	평가금액	NUMBER(18,3)	
MYD	MYD_BA12	INV_PRINCIPAL	투자원금	NUMBER(18,3)	

스키마	테이블명	컬럼명	컬럼한글명	데이터타입	PK 여부
MYD	MYD_BA12	FUND_NUM	보유좌수	NUMBER(18,3)	
MYD	MYD_BA13	ORG_CODE	기관코드	VARCHAR2(10)	Y
MYD	MYD_BA13	ACCOUNT_NUM	계좌번호	VARCHAR2(20)	Y
MYD	MYD_BA13	SEQNO	회차번호	VARCHAR2(7)	Y
MYD	MYD_BA13	TRANS_DTIME	거래일시 또는 거래일자	DATE	Y
MYD	MYD_BA13	TRANS_NO	거래번호	VARCHAR2(64)	Y
MYD	MYD_BA13	FROM_DATE	시작일자	DATE	
MYD	MYD_BA13	TO_DATE	종료일자	DATE	
MYD	MYD_BA13	TRANS_TYPE	거래유형 (코드)	VARCHAR2(2)	
MYD	MYD_BA13	CURRENCY_CODE	통화코드	VARCHAR2(3)	
MYD	MYD_BA13	BASE_AMT	기준가	NUMBER(18,3)	
MYD	MYD_BA13	TRANS_FUND_NUM	거래좌수	NUMBER(18,3)	
MYD	MYD_BA13	TRANS_AMT	거래금액	NUMBER(18,3)	
MYD	MYD_BA13	BALANCE_AMT	거래 후 잔고평가금액	NUMBER(15)	
MYD	MYD_BA21	ORG_CODE	기관코드	VARCHAR2(10)	Y
MYD	MYD_BA21	ACCOUNT_NUM	계좌번호	VARCHAR2(20)	Y
MYD	MYD_BA21	SEQNO	회차번호	VARCHAR2(7)	Y
MYD	MYD_BA21	CUST_NO	고객번호	VARCHAR2(10)	
MYD	MYD_BA21	ISSUE_DATE	대출일	DATE	
MYD	MYD_BA21	EXP_DATE	만기일	DATE	
MYD	MYD_BA21	LAST_OFFERED_RATE	최종적용금리	NUMBER(5,3)	
MYD	MYD_BA21	REPAY_DATE	월상환일	VARCHAR2(2)	
MYD	MYD_BA21	REPAY_METHOD	상환방식 (코드)	VARCHAR2(2)	
MYD	MYD_BA21	REPAY_ORG_CODE	자동이체 기관 (코드)	VARCHAR2(10)	
MYD	MYD_BA21	REPAY_ACCOUNT_NUM	상환계좌번호(자동이체)	VARCHAR2(20)	
MYD	MYD_BA22	ORG_CODE	기관코드	VARCHAR2(10)	Y
MYD	MYD_BA22	ACCOUNT_NUM	계좌번호	VARCHAR2(20)	Y
MYD	MYD_BA22	SEQNO	회차번호	VARCHAR2(7)	Y
MYD	MYD_BA22	BALANCE_AMT	대출잔액	NUMBER(18,3)	
MYD	MYD_BA22	LOAN_PRINCIPAL	대출원금	NUMBER(18,3)	
MYD	MYD_BA22	NEXT_REPAY_DATE	다음 이자 상환일	DATE	
MYD	MYD_BA23	ORG_CODE	기관코드	VARCHAR2(10)	Y
MYD	MYD_BA23	ACCOUNT_NUM	계좌번호	VARCHAR2(20)	Y
MYD	MYD_BA23	SEQNO	회차번호	VARCHAR2(7)	Y

스키마	테이블명	컬럼명	컬럼한글명	데이터타입	PK 여부
MYD	MYD_BA23	TRANS_DTIME	거래일시 또는 거래일자	DATE	Y
MYD	MYD_BA23	TRANS_NO	거래번호	VARCHAR2(64)	Y
MYD	MYD_BA23	TRANS_TYPE	거래유형	VARCHAR2(2)	
MYD	MYD_BA23	CURRENCY_CODE	통화코드	VARCHAR2(3)	
MYD	MYD_BA23	TRANS_AMT	거래금액	NUMBER(18,3)	
MYD	MYD_BA23	BALANCE_AMT	거래 후 대출잔액	NUMBER(18,3)	
MYD	MYD_BA23	PRINCIPAL_AMT	거래금액 중 원금	NUMBER(18,3)	
MYD	MYD_BA23	INT_AMT	거래금액 중 이자	NUMBER(15)	
MYD	MYD_BA23	RET_INT_AMT	환출이자	NUMBER(18,3)	
MYD	MYD_BA23_2	ORG_CODE	기관코드	VARCHAR2(10)	Y
MYD	MYD_BA23_2	ACCOUNT_NUM	계좌번호	VARCHAR2(20)	Y
MYD	MYD_BA23_2	SEQNO	회차번호	VARCHAR2(7)	Y
MYD	MYD_BA23_2	TRANS_DTIME	거래일시 또는 거래일자	DATE	Y
MYD	MYD_BA23	TRANS_NO	거래번호	VARCHAR2(64)	Y
MYD	MYD_BA23_2	INT_START_DATE	이자적용시작일	DATE	Y
MYD	MYD_BA23_2	INT_END_DATE	이자적용종료일	DATE	Y
MYD	MYD_BA23_2	INT_RATE	적용이율	NUMBER(5,3)	
MYD	MYD_BA23_2	APPLIED_INT_AMT	이자금액	NUMBER(18,3)	
MYD	MYD_BA23_2	INT_TYPE	이자종류 (코드)	VARCHAR2(2)	

[첨부3] 컬럼 목록 - 금투 업권

스키마	테이블명	컬럼명	컬럼한글명	데이터타입	PK 여부
MYD	MYD_IV01	ORG_CODE	기관코드	VARCHAR2(10)	Y
MYD	MYD_IV01	ACCOUNT_NUM	계좌번호	VARCHAR2(16)	Y
MYD	MYD_IV01	CUST_NO	고객번호	VARCHAR2(10)	
MYD	MYD_IV01	IS_CONSENT	전송요구 여부	VARCHAR2(1)	
MYD	MYD_IV01	ACCOUNT_NAME	계좌명	VARCHAR2(40)	
MYD	MYD_IV01	ACCOUNT_TYPE	계좌종류 (코드)	VARCHAR2(3)	
MYD	MYD_IV01	ISSUE_DATE	계좌개설일	DATE	
MYD	MYD_IV01	IS_TAX_BENEFITS	세제혜택 적용여부 (계좌)	VARCHAR2(1)	
MYD	MYD_IV02	ORG_CODE	기관코드	VARCHAR2(10)	Y
MYD	MYD_IV02	ACCOUNT_NUM	계좌번호	VARCHAR2(20)	Y

스키마	테이블명	컬럼명	컬럼한글명	데이터타입	PK 여부
MYD	MYD_IV02	CURRENCY_CODE	통화코드	VARCHAR2(3)	Y
MYD	MYD_IV02	BASE_DATE	기준일자	DATE	
MYD	MYD_IV02	WITHHOLDINGS_AMT	예수금	NUMBER(18,3)	
MYD	MYD_IV02	CREDIT_LOAN_AMT	신용 융자	NUMBER(18,3)	
MYD	MYD_IV02	MORTGAGE_AMT	대출금	NUMBER(18,3)	
MYD	MYD_IV03	ORG_CODE	기관코드	VARCHAR2(10)	Y
MYD	MYD_IV03	ACCOUNT_NUM	계좌번호	VARCHAR2(20)	Y
MYD	MYD_IV03	TRANS_DTIME	거래일시 또는 거래일자	DATE	Y
MYD	MYD_IV03	TRANS_NO	거래번호	VARCHAR2(64)	Y
MYD	MYD_IV03	PROD_NAME	종목명(상품명)	VARCHAR2(60)	
MYD	MYD_IV03	PROD_CODE	종목코드(상품코드)	VARCHAR2(12)	
MYD	MYD_IV03	TRANS_TYPE	거래종류 (코드)	VARCHAR2(3)	
MYD	MYD_IV03	TRANS_TYPE_DETAIL	거래종류 상세	VARCHAR2(40)	
MYD	MYD_IV03	TRANS_NUM	거래수량	NUMBER(21,6)	
MYD	MYD_IV03	BASE_AMT	거래단가	NUMBER(17,4)	
MYD	MYD_IV03	TRANS_AMT	거래금액	NUMBER(18,3)	
MYD	MYD_IV03	SETTLE_AMT	정산금액	NUMBER(18,3)	
MYD	MYD_IV03	BALANCE_AMT	거래후잔액	NUMBER(18,3)	
MYD	MYD_IV03	CURRENCY_CODE	통화코드	VARCHAR2(3)	
MYD	MYD_IV03	EX_CODE	해외주식 거래소 코드	VARCHAR2(3)	
MYD	MYD_IV04	ORG_CODE	기관코드	VARCHAR2(10)	Y
MYD	MYD_IV04	ACCOUNT_NUM	계좌번호	VARCHAR2(20)	Y
MYD	MYD_IV04	PROD_CODE	상품코드(종목코드)	VARCHAR2(12)	Y
MYD	MYD_IV04	BASE_DATE	기준일자	DATE	
MYD	MYD_IV04	PROD_TYPE	상품종류 (코드)	VARCHAR2(3)	
MYD	MYD_IV04	PROD_TYPE_DETAIL	상품종류 상세	VARCHAR2(60)	
MYD	MYD_IV04	EX_CODE	해외주식 거래소 코드	VARCHAR2(3)	
MYD	MYD_IV04	PROD_NAME	종목명	VARCHAR2(300)	
MYD	MYD_IV04	POS_TYPE	파생상품포지션구분(코드)	VARCHAR2(2)	
MYD	MYD_IV04	CREDIT_TYPE	신용구분(코드)	VARCHAR2(2)	
MYD	MYD_IV04	IS_TAX_BENEFITS	세제혜택 적용여부 (상품)	VARCHAR2(1)	
MYD	MYD_IV04	PURCHASE_AMT	매입금액	NUMBER(18,3)	
MYD	MYD_IV04	HOLDING_NUM	보유수량	NUMBER(15)	

스키마	테이블명	컬럼명	컬럼한글명	데이터타입	PK 여부
MYD	MYD_IV04	EVAL_AMT	평가금액	NUMBER(18,3)	
MYD	MYD_IV04	CURRENCY_CODE	통화코드	VARCHAR2(3)	
MYD	MYD_IV05	ORG_CODE	기관코드	VARCHAR2(10)	Y
MYD	MYD_IV05	ACCOUNT_NUM	계좌번호	VARCHAR2(20)	Y
MYD	MYD_IV05	ISSUE_DATE	연금가입일	DATE	
MYD	MYD_IV05	PAID_IN_AMT	납부총액	NUMBER(18,3)	
MYD	MYD_IV05	WITHDRAWAL_AMT	기출금액	NUMBER(18,3)	
MYD	MYD_IV05	LAST_PAID_IN_DATE	최종납입일	DATE	
MYD	MYD_IV05	RCV_AMT	연금기수령액	NUMBER(18,3)	

[첨부4] 컬럼 목록 - 할부금융 업권

스키마	테이블명	컬럼명	컬럼한글명	데이터타입	PK 여부
MYD	MYD_CP01	ORG_CODE	기관코드	VARCHAR2(10)	Y
MYD	MYD_CP01	ACCOUNT_NUM	계좌번호	VARCHAR2(20)	Y
MYD	MYD_CP01	SEQNO	회차번호	VARCHAR2(7)	Y
MYD	MYD_CP01	CUST_NO	고객번호	VARCHAR2(10)	
MYD	MYD_CP01	REG_DATE	최초고객DB생성일	DATE	
MYD	MYD_CP01	IS_CONSENT	전송요구 여부	VARCHAR2(1)	
MYD	MYD_CP01	PROD_NAME	상품명	VARCHAR2(400)	
MYD	MYD_CP01	ACCOUNT_TYPE	계좌구분 (코드)	VARCHAR2(4)	
MYD	MYD_CP01	ACCOUNT_STATUS	계좌상태 (코드)	VARCHAR2(2)	
MYD	MYD_CP02	ORG_CODE	기관코드	VARCHAR2(10)	Y
MYD	MYD_CP02	ACCOUNT_NUM	계좌번호	VARCHAR2(20)	Y
MYD	MYD_CP02	SEQNO	회차번호	VARCHAR2(7)	Y
MYD	MYD_CP02	ISSUE_DATE	대출일	DATE	
MYD	MYD_CP02	EXP_DATE	만기일	DATE	
MYD	MYD_CP02	LAST_OFFERED_RATE	최종적용금리	NUMBER(5,3)	
MYD	MYD_CP02	REPAY_DATE	월상환일	VARCHAR2(2)	
MYD	MYD_CP02	REPAY_METHOD	상환방식 (코드)	VARCHAR2(2)	
MYD	MYD_CP02	REPAY_ORG_CODE	자동이체 기관 (코드)	VARCHAR2(10)	
MYD	MYD_CP02	REPAY_ACCOUNT_ NUM	상환계좌번호(자동이체)	VARCHAR2(20)	

스키마	테이블명	컬럼명	컬럼한글명	데이터타입	PK 여부
MYD	MYD_CP03	ORG_CODE	기관코드	VARCHAR2(10)	Y
MYD	MYD_CP03	ACCOUNT_NUM	계좌번호	VARCHAR2(20)	Y
MYD	MYD_CP03	SEQNO	회차번호	VARCHAR2(7)	Y
MYD	MYD_CP03	CURRENCY_CODE	통화코드	VARCHAR2(3)	
MYD	MYD_CP03	BALANCE_AMT	대출잔액	NUMBER(18,3)	
MYD	MYD_CP03	LOAN_PRINCIPAL	대출원금	NUMBER(18,3)	
MYD	MYD_CP03	NEXT_REPAY_DATE	다음 이자 상환일	DATE	
MYD	MYD_CP04	ORG_CODE	기관코드	VARCHAR2(10)	Y
MYD	MYD_CP04	ACCOUNT_NUM	계좌번호	VARCHAR2(20)	Y
MYD	MYD_CP04	SEQNO	회차번호	VARCHAR2(7)	Y
MYD	MYD_CP04	TRANS_DTIME	거래일시	DATE	Y
MYD	MYD_CP04	TRANS_NO	거래번호	VARCHAR2(64)	Y
MYD	MYD_CP04	TRANS_TYPE	거래유형	VARCHAR2(2)	
MYD	MYD_CP04	CURRENCY_CODE	통화코드	VARCHAR2(3)	
MYD	MYD_CP04	TRANS_AMT	거래금액	NUMBER(18,3)	
MYD	MYD_CP04	BALANCE_AMT	거래 후 대출잔액	NUMBER(18,3)	
MYD	MYD_CP04	PRINCIPAL_AMT	거래금액 중 원금	NUMBER(18,3)	
MYD	MYD_CP04	INT_AMT	거래금액 중 이자	NUMBER(15)	
MYD	MYD_CP04	RET_INT_AMT	환출이자	NUMBER(18,3)	
MYD	MYD_CP04_2	ORG_CODE	기관코드	VARCHAR2(10)	Y
MYD	MYD_CP04_2	ACCOUNT_NUM	계좌번호	VARCHAR2(20)	Y
MYD	MYD_CP04_2	SEQNO	회차번호	VARCHAR2(7)	Y
MYD	MYD_CP04_2	TRANS_DTIME	거래일시	DATE	Y
MYD	MYD_CP04_2	TRANS_NO	거래번호	VARCHAR2(64)	Y
MYD	MYD_CP04_2	INT_START_DATE	이자적용시작일	DATE	Y
MYD	MYD_CP04_2	INT_END_DATE	이자적용종료일	DATE	Y
MYD	MYD_CP04_2	INT_RATE	적용이율	NUMBER(5,3)	
MYD	MYD_CP04_2	APPLIED_INT_AMT	이자금액	NUMBER(18,3)	
MYD	MYD_CP04_2	INT_TYPE	이자종류 (코드)	VARCHAR2(2)	
MYD	MYD_CP05	ORG_CODE	기관코드	VARCHAR2(10)	Y
MYD	MYD_CP05	ACCOUNT_NUM	계좌번호	VARCHAR2(20)	Y
MYD	MYD_CP05	SEQNO	회차번호	VARCHAR2(7)	Y
MYD	MYD_CP05	CUST_NO	고객번호	VARCHAR2(10)	

스키마	테이블명	컬럼명	컬럼한글명	데이터타입	PK 여부
MYD	MYD_CP05	ISSUE_DATE	대출일	DATE	
MYD	MYD_CP05	EXP_DATE	만기일	DATE	
MYD	MYD_CP05	REPAY_DATE	월상환일	VARCHAR2(2)	
MYD	MYD_CP05	REPAY_METHOD	상환방식 (코드)	VARCHAR2(2)	
MYD	MYD_CP05	REPAY_ORG_CODE	자동이체 기관 (코드)	VARCHAR2(10)	
MYD	MYD_CP05	REPAY_ACCOUNT_NUM	상환계좌번호 (자동이체)	VARCHAR2(20)	
MYD	MYD_CP05	NEXT_REPAY_DATE	다음 납일 예정일	DATE	
MYD	MYD_CP06	ORG_CODE	기관코드	VARCHAR2(10)	Y
MYD	MYD_CP06	ACCOUNT_NUM	계좌번호	VARCHAR2(20)	Y
MYD	MYD_CP06	SEQNO	회차번호	VARCHAR2(7)	Y
MYD	MYD_CP06	TRANS_DTIME	거래일시	DATE	Y
MYD	MYD_CP06	TRANS_NO	거래번호	VARCHAR2(64)	Y
MYD	MYD_CP06	TRANS_TYPE	거래유형	VARCHAR2(2)	
MYD	MYD_CP06	TRANS_AMT	거래금액	NUMBER(18,3)	

[첨부5] 컬럼 목록 - 보험 업권

스키마	테이블명	컬럼명	컬럼한글명	데이터타입	PK 여부
MYD	MYD_IS01	ORG_CODE	기관코드	VARCHAR2(10)	Y
MYD	MYD_IS01	INSU_NUM	증권번호	VARCHAR2(20)	Y
MYD	MYD_IS01	CUST_NO	고객번호	VARCHAR2(10)	
MYD	MYD_IS01	IS_CONSENT	전송요구 여부	VARCHAR2(1)	
MYD	MYD_IS01	PROD_NAME	상품명	VARCHAR2(200)	
MYD	MYD_IS01	INSU_TYPE	보험종류 구분 (코드)	VARCHAR2(2)	
MYD	MYD_IS01	INSU_STATUS	계약상태 (코드)	VARCHAR2(2)	
MYD	MYD_IS02	ORG_CODE	기관코드	VARCHAR2(10)	Y
MYD	MYD_IS02	INSU_NUM	증권번호	VARCHAR2(20)	Y
MYD	MYD_IS02	IS_RENEWABLE	갱신여부 (여부)	VARCHAR2(1)	
MYD	MYD_IS02	ISSUE_DATE	계약체결일	DATE	
MYD	MYD_IS02	EXP_DATE	만기일자	DATE	
MYD	MYD_IS02	FACE_AMT	보험가입금액	NUMBER(18,3)	
MYD	MYD_IS02	CURRENCY_CODE	통화코드(보험가입금액)	VARCHAR2(3)	
MYD	MYD_IS02	IS_VARIABLE	변액보험 여부	VARCHAR2(1)	
MYD	MYD_IS02	IS_UNIVERSAL	유니버셜 여부	VARCHAR2(1)	
MYD	MYD_IS02	PENSION_RCV_START_DATE	연금개시일	DATE	
MYD	MYD_IS02	PENSION_RCV_CYCLE	연금수령주기	VARCHAR2(2)	
MYD	MYD_IS02	IS_LOANABLE	대출실행 가능 상품 여부	VARCHAR2(1)	
MYD	MYD_IS02_2	ORG_CODE	기관코드	VARCHAR2(10)	Y
MYD	MYD_IS02_2	INSU_NUM	증권번호	VARCHAR2(20)	Y
MYD	MYD_IS02_2	INSURED_NO	피보험자 순번	VARCHAR2(2)	Y
MYD	MYD_IS02_2	INSURED_NAME	피보험자명	VARCHAR2(20)	
MYD	MYD_IS02_2	IS_PRIMARY	주피보험자여부	VARCHAR2(1)	
MYD	MYD_IS03	ORG_CODE	기관코드	VARCHAR2(10)	Y
MYD	MYD_IS03	INSU_NUM	증권번호	VARCHAR2(20)	Y
MYD	MYD_IS03	INSURED_NO	피보험자 순번	NUMBER(2)	Y
MYD	MYD_IS03	CONTRACT_NAME	특약명	VARCHAR2(200)	Y
MYD	MYD_IS03	CONTRACT_STATUS	특약의 상태 (코드)	VARCHAR2(2)	
MYD	MYD_IS03	CONTRACT_EXP_DATE	특약만기일자	DATE	

스키마	테이블명	컬럼명	컬럼한글명	데이터타입	PK 여부
MYD	MYD_IS03	CONTRACT_FACE_AMT	특약가입금액	NUMBER(18,3)	
MYD	MYD_IS03	CURRENCY_CODE	통화코드(특약가입금액)	VARCHAR2(3)	
MYD	MYD_IS03	IS_REQUIRED	특약의 유형 (여부)	VARCHAR2(1)	
MYD	MYD_IS04	ORG_CODE	기관코드	VARCHAR2(10)	Y
MYD	MYD_IS04	INSU_NUM	증권번호	VARCHAR2(20)	Y
MYD	MYD_IS04	CAR_NUMBER	차량번호	VARCHAR2(17)	Y
MYD	MYD_IS04	CUST_NO	고객번호	VARCHAR2(10)	
MYD	MYD_IS04	CAR_INSU_TYPE	자동차보험 구분 (코드)	VARCHAR2(2)	
MYD	MYD_IS04	CAR_NAME	계약자 차량명	VARCHAR2(40)	
MYD	MYD_IS04	START_DATE	보험시기	DATE	
MYD	MYD_IS04	END_DATE	보험종기	DATE	
MYD	MYD_IS04	CONTRACT_AGE	연령특약	VARCHAR2(5)	
MYD	MYD_IS04	CONTRACT_DRIVER	운전자한정특약	VARCHAR2(40)	
MYD	MYD_IS04	IS_OWN_DMG_COVERAGE	자기차량손해 (여부)	VARCHAR2(1)	
MYD	MYD_IS04	SELF_PAY_RATE	자기부담금 구분 (코드)	VARCHAR2(2)	
MYD	MYD_IS04	SELF_PAY_AMT	자기부담금액	NUMBER(15)	
MYD	MYD_IS05	ORG_CODE	기관코드	VARCHAR2(10)	Y
MYD	MYD_IS05	INSU_NUM	증권번호	VARCHAR2(20)	Y
MYD	MYD_IS05	PAY_DUE	납입기간구분 (코드)	VARCHAR2(2)	
MYD	MYD_IS05	PAY_CYCLE	납입주기 (코드)	VARCHAR2(2)	
MYD	MYD_IS05	PAY_CNT	총 납입 횟수	NUMBER(5)	
MYD	MYD_IS05	PAY_ORG_CODE	납입기관(코드)	VARCHAR2(8)	
MYD	MYD_IS05	PAY_DATE	납입일자	VARCHAR2(2)	
MYD	MYD_IS05	PAY_END_DATE	납입종료일자	DATE	
MYD	MYD_IS05	PAY_AMT	납입 보험료	NUMBER(18,3)	
MYD	MYD_IS05	CURRENCY_CODE	통화코드(납입 보험료)	VARCHAR2(3)	
MYD	MYD_IS05	IS_AUTO_PAY	자동대출납입 신청 여부	VARCHAR2(1)	
MYD	MYD_IS06	ORG_CODE	기관코드	VARCHAR2(10)	Y
MYD	MYD_IS06	INSU_NUM	증권번호	VARCHAR2(20)	Y
MYD	MYD_IS06	TRANS_DATE	납입일자	DATE	Y
MYD	MYD_IS06	TRANS_APPLIED_MONTH	납입연월	NUMBER(6)	
MYD	MYD_IS06	TRANS_NO	납입회차	NUMBER(3)	

스키마	테이블명	컬럼명	컬럼한글명	데이터타입	PK 여부
MYD	MYD_IS06	PAID_AMT	실납입 보험료	NUMBER(18,3)	
MYD	MYD_IS06	CURRENCY_CODE	통화코드(실납입 보험료)	VARCHAR2(3)	
MYD	MYD_IS06	PAY_METHOD	수금방법 (코드)	VARCHAR2(2)	
MYD	MYD_IS07	ORG_CODE	기관코드	VARCHAR2(10)	Y
MYD	MYD_IS07	INSU_NUM	증권번호	VARCHAR2(20)	Y
MYD	MYD_IS07	CAR_NUMBER	차량번호	VARCHAR2(17)	Y
MYD	MYD_IS07	TRANS_DTIME	거래일시	DATE	Y
MYD	MYD_IS07	TRANS_NO	거래번호	VARCHAR2(20)	Y
MYD	MYD_IS07	FACE_AMT	자동차보험 보험료	NUMBER(15)	
MYD	MYD_IS07	PAID_IN_CNT	납입회차	NUMBER(3)	
MYD	MYD_IS07	PAID_AMT	실납입 보험료	NUMBER(15)	
MYD	MYD_IS07	PAY_METHOD	수금방법 (코드)	VARCHAR2(2)	
MYD	MYD_IS11	ORG_CODE	기관코드	VARCHAR2(10)	Y
MYD	MYD_IS11	ACCOUNT_NUM	계좌번호	VARCHAR2(20)	Y
MYD	MYD_IS11	CUST_NO	고객번호	VARCHAR2(10)	
MYD	MYD_IS11	PROD_NAME	상품명	VARCHAR2(200)	
MYD	MYD_IS11	IS_CONSENT	전송요구 여부	VARCHAR2(1)	
MYD	MYD_IS11	ACCOUNT_TYPE	계좌번호 별 구분 코드	VARCHAR2(4)	
MYD	MYD_IS11	ACCOUNT_STATUS	계좌번호 별 상태 코드	VARCHAR2(2)	
MYD	MYD_IS12	ORG_CODE	기관코드	VARCHAR2(10)	Y
MYD	MYD_IS12	ACCOUNT_NUM	계좌번호	VARCHAR2(20)	Y
MYD	MYD_IS12	LOAN_START_DATE	대출일	DATE	
MYD	MYD_IS12	LOAN_EXP_DATE	만기일	DATE	
MYD	MYD_IS12	REPAY_METHOD	상환방식 (코드)	VARCHAR2(2)	
MYD	MYD_IS12	INSU_NUM	증권번호	VARCHAR2(20)	
MYD	MYD_IS13	ORG_CODE	기관코드	VARCHAR2(10)	Y
MYD	MYD_IS13	ACCOUNT_NUM	계좌번호	VARCHAR2(20)	Y
MYD	MYD_IS13	CURRENCY_CODE	통화코드(대출원금 및 대출원금잔액)	VARCHAR2(3)	
MYD	MYD_IS13	BALANCE_AMT	대출잔액	NUMBER(18,3)	
MYD	MYD_IS13	LOAN_PRINCIPAL	대출원금	NUMBER(18,3)	
MYD	MYD_IS13	NEXT_REPAY_DATE	다음 이자 상환일	DATE	
MYD	MYD_IS14	ORG_CODE	기관코드	VARCHAR2(10)	Y

스키마	테이블명	컬럼명	컬럼한글명	데이터타입	PK 여부
MYD	MYD_IS14	ACCOUNT_NUM	계좌번호	VARCHAR2(20)	Y
MYD	MYD_IS14	TRANS_DTIME	거래일시 또는 거래일자	DATE	Y
MYD	MYD_IS14	TRANS_NO	거래번호	VARCHAR2(20)	Y
MYD	MYD_IS14	CURRENCY_CODE	통화코드(대출원금상환 액 및 이자납입액)	VARCHAR2(3)	
MYD	MYD_IS14	LOAN_PAID_AMT	대출원금상환액	NUMBER(18,3)	
MYD	MYD_IS14	INT_PAID_AMT	이자납입액	NUMBER(18,3)	
MYD	MYD_IS14_2	ORG_CODE	기관코드	VARCHAR2(10)	Y
MYD	MYD_IS14_2	ACCOUNT_NUM	계좌번호	VARCHAR2(20)	Y
MYD	MYD_IS14_2	TRANS_DTIME	거래일시 또는 거래일자	DATE	Y
MYD	MYD_IS14_2	TRANS_NO	거래번호	VARCHAR2(20)	Y
MYD	MYD_IS14_2	INT_START_DATE	이자적용시작일	DATE	Y
MYD	MYD_IS14_2	INT_END_DATE	이자적용종료일	DATE	Y
MYD	MYD_IS14_2	INT_RATE	적용이율	NUMBER(5,3)	
MYD	MYD_IS14_2	INT_TYPE	이자종류 (코드)	VARCHAR2(2)	
MYD	MYD_IS08	ORG_CODE	기관코드	VARCHAR2(10)	Y
MYD	MYD_IS08	INSU_NUM	증권번호	VARCHAR2(20)	Y
MYD	MYD_IS08	COVERAGE_CODE	담보 (코드)	VARCHAR2(5)	Y
MYD	MYD_IS08	SUBJECT	계약관계자 구분 (코드)	VARCHAR2(1)	
MYD	MYD_IS08	RELATION	피보험자계약자관계 (코드)	VARCHAR2(2)	
MYD	MYD_IS08	STATUS	담보상태 (코드)	VARCHAR2(2)	
MYD	MYD_IS08	TYPE	담보특성 (코드)	VARCHAR2(1)	
MYD	MYD_IS08	COVERAGE_NUM	회사담보일렬번호	VARCHAR2(20)	
MYD	MYD_IS08	COVERAGE_NAME	회사담보명	VARCHAR2(300)	
MYD	MYD_IS08	COVERAGE_AMT	담보금액	NUMBER(10)	
MYD	MYD_IS08	START_DATE	담보기간 시작일자	DATE	
MYD	MYD_IS08	END_DATE	담보기간 종료일자	DATE	

[첨부6] 컬럼 목록 - 공통

스키마	테이블명	컬럼명	컬럼한글명	데이터타입	PK 여부
MYD	MYD_CUST	CUST_NO	고객번호	VARCHAR2(10)	Y
MYD	MYD_CUST	CUST_NAME	고객명	VARCHAR2(50)	
MYD	MYD_CUST	RESIDENT_REG_NUM	주민등록번호	VARCHAR2(13)	
MYD	MYD_CUST	CUST_ADDR	고객주소	VARCHAR2(150)	
MYD	MYD_CUST	CUST_TEL_NO	고객전화번호	VARCHAR2(20)	
MYD	MYD_ORG	ORG_CODE	기관코드	VARCHAR2(10)	Y
MYD	MYD_ORG	ORG_TYPE	기관구분	VARCHAR2(2)	
MYD	MYD_ORG	ORG_NAME	기관명	VARCHAR2(60)	
MYD	MYD_ORG	ORG_REGNO	사업자등록번호	VARCHAR2(12)	
MYD	MYD_ORG	CORP_REGNO	법인등록번호	VARCHAR2(13)	
MYD	MYD_ORG	ADDRESS	주소	VARCHAR2(150)	
MYD	MYD_ORG	INDUSTRY	업권	VARCHAR2(10)	

[첨부7] 컬럼 목록 - 보증보험 업권

스키마	테이블명	컬럼명	컬럼한글명	데이터타입	PK 여부
MYD	MYD_GI01	ORG_CODE	기관코드	VARCHAR2(10)	Y
MYD	MYD_GI01	INSU_NUM	증권번호	VARCHAR2(20)	Y
MYD	MYD_GI01	CUST_NO	고객번호	VARCHAR2(10)	
MYD	MYD_GI01	IS_CONSENT	전송요구 여부	VARCHAR2(1)	
MYD	MYD_GI01	PROD_NAME	상품명	VARCHAR2(200)	
MYD	MYD_GI01	INSU_TYPE	보험종류 구분 (코드)	VARCHAR2(2)	
MYD	MYD_GI01	INSU_STATUS	계약상태 (코드)	VARCHAR2(2)	
MYD	MYD_GI02	ORG_CODE	기관코드	VARCHAR2(10)	Y
MYD	MYD_GI02	INSU_NUM	증권번호	VARCHAR2(20)	Y
MYD	MYD_GI02	ISSUE_DATE	계약체결일	DATE	
MYD	MYD_GI02	EXP_DATE	종료일자	DATE	
MYD	MYD_GI02	FACE_AMT	보험가입금액	NUMBER(18,3)	
MYD	MYD_GI02	PAY_DUE	납입기간구분 (코드)	VARCHAR2(2)	
MYD	MYD_GI02	PAY_AMT	총 납입 보험료	NUMBER(15)	
MYD	MYD_GI02_2	ORG_CODE	기관코드	VARCHAR2(10)	Y

스키마	테이블명	컬럼명	컬럼한글명	데이터타입	PK 여부
MYD	MYD_GI02_2	INSU_NUM	증권번호	VARCHAR2(20)	Y
MYD	MYD_GI02_2	INSURED_NAME	피보험자명	VARCHAR2(20)	Y
MYD	MYD_GI03	ORG_CODE	기관코드	VARCHAR2(10)	Y
MYD	MYD_GI03	INSU_NUM	증권번호	VARCHAR2(20)	Y
MYD	MYD_GI03	TRANS_DATE	납입일자	DATE	Y
MYD	MYD_GI03	TRANS_NO	납입회차	NUMBER(3)	Y
MYD	MYD_GI03	PAID_AMT	실납입 보험료	NUMBER(15)	
MYD	MYD_GI03	PAY_METHOD	수금방법 (코드)	VARCHAR2(2)	

[첨부8] TO-BE vs. AS-IS 속성 매핑

TO-BE		AS-IS	
엔터티명	속성명	테이블한글명	컬럼한글명
고객	고객번호	고객	고객번호
고객	고객명	고객	고객명
고객	주민등록번호	고객	주민등록번호
고객	고객주소	고객	고객주소
고객	고객전화번호	고객	고객전화번호
기관	기관코드	기관	기관코드
기관	기관구분코드	기관	기관구분
기관	기관명	기관	기관명
기관	사업자등록번호	기관	사업자등록번호
기관	법인등록번호	기관	법인등록번호
기관	주소	기관	주소
기관	업권코드	기관	업권
대출거래	기관코드	은행-010	기관코드
대출거래	기관코드	할부금융-004	기관코드
대출거래	기관코드	할부금융-006	기관코드
대출거래	기관코드	보험-011	기관코드
대출거래	통합계좌번호	은행-010	계좌번호||회차번호
대출거래	통합계좌번호	할부금융-004	계좌번호||회차번호
대출거래	통합계좌번호	할부금융-006	계좌번호||회차번호
대출거래	통합계좌번호	보험-011	계좌번호
대출거래	거래일시	은행-010	거래일시
대출거래	거래일시	할부금융-004	거래일시
대출거래	거래일시	할부금융-006	거래일시
대출거래	거래일시	보험-011	거래일시
대출거래	거래순번	은행-010	거래번호
대출거래	거래순번	할부금융-004	거래번호
대출거래	거래순번	할부금융-006	거래번호
대출거래	거래순번	보험-011	거래번호
대출거래	거래유형코드	은행-010	거래유형코드
대출거래	거래유형코드	할부금융-004	거래유형코드
대출거래	거래유형코드	할부금융-006	거래유형코드
대출거래	통화코드	은행-010	통화코드

TO-BE		AS-IS	
엔터티명	속성명	테이블한글명	컬럼한글명
대출거래	통화코드	할부금융-004	통화코드
대출거래	통화코드	보험-011	통화코드
대출거래	거래금액	은행-010	거래금액
대출거래	거래금액	할부금융-004	거래금액
대출거래	거래금액	할부금융-006	거래금액
대출거래	거래후대출잔액	은행-010	거래후대출잔액
대출거래	거래후대출잔액	할부금융-004	거래후대출잔액
대출거래	거래금액중원금	은행-010	거래금액중원금
대출거래	거래금액중원금	할부금융-004	거래금액중원금
대출거래	거래금액중이자	은행-010	거래금액중이자
대출거래	거래금액중이자	할부금융-004	거래금액중이자
대출거래	환출이자	은행-010	환출이자
대출거래	환출이자	할부금융-004	환출이자
대출거래	대출원금상환액	보험-011	대출원금상환액
대출거래	이자납입액	보험-011	이자납입액
대출거래이자	기관코드	은행-010-2	기관코드
대출거래이자	기관코드	할부금융-004_2	기관코드
대출거래이자	기관코드	보험-011_2	기관코드
대출거래이자	통합계좌번호	은행-010-2	계좌번호||회차번호
대출거래이자	통합계좌번호	할부금융-004_2	계좌번호||회차번호
대출거래이자	통합계좌번호	보험-011_2	계좌번호
대출거래이자	거래일시	은행-010-2	거래일시
대출거래이자	거래일시	할부금융-004_2	거래일시
대출거래이자	거래일시	보험-011_2	거래일시
대출거래이자	거래순번	은행-010-2	거래번호
대출거래이자	거래순번	할부금융-004_2	거래번호
대출거래이자	거래순번	보험-011_2	거래번호
대출거래이자	이자적용시작일자	은행-010-2	이자적용시작일
대출거래이자	이자적용시작일자	할부금융-004_2	이자적용시작일
대출거래이자	이자적용시작일자	보험-011_2	이자적용시작일
대출거래이자	이자적용종료일자	은행-010-2	이자적용종료일
대출거래이자	이자적용종료일자	할부금융-004_2	이자적용종료일
대출거래이자	이자적용종료일자	보험-011_2	이자적용시작일

TO-BE		AS-IS	
엔터티명	속성명	테이블한글명	컬럼한글명
대출거래이자	적용이율	은행-010-2	적용이율
대출거래이자	적용이율	할부금융-004_2	적용이율
대출거래이자	적용이율	보험-011_2	적용이율
대출거래이자	이자금액	은행-010-2	이자금액
대출거래이자	이자금액	할부금융-004_2	이자금액
대출거래이자	이자종류코드	은행-010-2	이자종류 (코드)
대출거래이자	이자종류코드	할부금융-004_2	이자종류코드
대출거래이자	이자종류코드	보험-011_2	이자종류코드
대출계좌상세	기관코드	은행-008	기관코드
대출계좌상세	기관코드	은행-009	기관코드
대출계좌상세	기관코드	할부금융-002	기관코드
대출계좌상세	기관코드	할부금융-003	기관코드
대출계좌상세	기관코드	할부금융-005	기관코드
대출계좌상세	기관코드	보험-009	기관코드
대출계좌상세	기관코드	보험-010	기관코드
대출계좌상세	통합계좌번호	은행-008	계좌번호||회차번호
대출계좌상세	통합계좌번호	은행-009	계좌번호||회차번호
대출계좌상세	통합계좌번호	할부금융-002	계좌번호||회차번호
대출계좌상세	통합계좌번호	할부금융-003	계좌번호||회차번호
대출계좌상세	통합계좌번호	할부금융-005	계좌번호||회차번호
대출계좌상세	통합계좌번호	보험-009	계좌번호
대출계좌상세	통합계좌번호	보험-010	계좌번호
대출계좌상세	대출일자	은행-008	대출일
대출계좌상세	대출일자	할부금융-002	대출일
대출계좌상세	대출일자	할부금융-005	대출일
대출계좌상세	대출일자	보험-009	대출일
대출계좌상세	만기일자	은행-008	만기일
대출계좌상세	만기일자	할부금융-002	만기일
대출계좌상세	만기일자	할부금융-005	만기일
대출계좌상세	만기일자	보험-009	만기일
대출계좌상세	최종적용금리	은행-008	최종적용금리
대출계좌상세	최종적용금리	할부금융-002	최종적용금리
대출계좌상세	월상환일	은행-008	월상환일

TO-BE		AS-IS	
엔터티명	속성명	테이블한글명	컬럼한글명
대출계좌상세	월상환일	할부금융-002	월상환일
대출계좌상세	월상환일	할부금융-005	월상환일
대출계좌상세	상환방식코드	은행-008	상환방식코드
대출계좌상세	상환방식코드	할부금융-002	상환방식코드
대출계좌상세	상환방식코드	할부금융-005	상환방식코드
대출계좌상세	상환방식코드	보험-009	상환방식코드
대출계좌상세	자동이체기관코드	은행-008	자동이체기관코드
대출계좌상세	자동이체기관코드	할부금융-002	자동이체기관코드
대출계좌상세	자동이체기관코드	할부금융-005	자동이체기관코드
대출계좌상세	자동이체상환계좌번호	은행-008	자동이체상환계좌번호
대출계좌상세	자동이체상환계좌번호	할부금융-002	자동이체상환계좌번호
대출계좌상세	자동이체상환계좌번호	할부금융-005	자동이체상환계좌번호
대출계좌상세	다음이자상환일자	은행-009	다음이자상환일
대출계좌상세	다음이자상환일자	할부금융-003	다음이자상환일
대출계좌상세	다음이자상환일자	할부금융-005	다음납일예정일
대출계좌상세	다음이자상환일자	보험-010	다음이자상환일
대출계좌상세	대출잔액	은행-009	대출잔액
대출계좌상세	대출잔액	할부금융-003	대출잔액
대출계좌상세	대출잔액	보험-010	대출잔액
대출계좌상세	대출원금	은행-009	대출원금
대출계좌상세	대출원금	할부금융-003	대출원금
대출계좌상세	대출원금	보험-010	대출원금
대출계좌상세	통화코드	할부금융-003	통화코드
대출계좌상세	통화코드	보험-010	통화코드
대출계좌상세	증권번호	보험-009	증권번호
보험거래	기관코드	보험-006	기관코드
보험거래	증권번호	보험-006	증권번호
보험거래	납입일자	보험-006	납입일자
보험거래	납입년월	보험-006	납입연월
보험거래	납입회차	보험-006	납입회차
보험거래	실납입보험료	보험-006	실납입 보험료
보험거래	통화코드	보험-006	통화코드(실납입 보험료)
보험거래	수금방법코드	보험-006	수금방법 (코드)

TO-BE		AS-IS	
엔터티명	속성명	테이블한글명	컬럼한글명
보험계좌상세	기관코드	보험-002	기관코드
보험계좌상세	증권번호	보험-002	증권번호
보험계좌상세	갱신여부	보험-002	갱신여부 (여부)
보험계좌상세	계약체결일자	보험-002	계약체결일
보험계좌상세	만기일자	보험-002	만기일자
보험계좌상세	보험가입금액	보험-002	보험가입금액
보험계좌상세	통화코드	보험-002	통화코드(보험가입금액)
보험계좌상세	변액보험여부	보험-002	변액보험 여부
보험계좌상세	유니버셜여부	보험-002	유니버셜 여부
보험계좌상세	연금개시일자	보험-002	연금개시일
보험계좌상세	연금수령주기	보험-002	연금수령주기
보험계좌상세	대출실행가능상품여부	보험-002	대출실행 가능 상품 여부
보험계좌상세	납입기간구분코드	보험-005	납입기간구분 (코드)
보험계좌상세	납입주기코드	보험-005	납입주기 (코드)
보험계좌상세	총납입횟수	보험-005	총 납입 횟수
보험계좌상세	납입기관코드	보험-005	납입기관(코드)
보험계좌상세	납입일자	보험-005	납입일자
보험계좌상세	납입종료일자	보험-005	납입종료일자
보험계좌상세	납입보험료	보험-005	납입 보험료
보험계좌상세	자동대출납입신청여부	보험-005	자동대출납입 신청 여부
보험담보상세	기관코드	보험-012	기관코드
보험담보상세	증권번호	보험-012	증권번호
보험담보상세	담보코드	보험-012	담보 (코드)
보험담보상세	계약관계자구분코드	보험-012	계약관계자 구분 (코드)
보험담보상세	피보험자계약자관계코드	보험-012	피보험자계약자관계 (코드)
보험담보상세	담보상태코드	보험-012	담보상태 (코드)
보험담보상세	담보특성코드	보험-012	담보특성 (코드)
보험담보상세	회사담보일련번호	보험-012	회사담보일련번호
보험담보상세	회사담보명	보험-012	회사담보명
보험담보상세	담보금액	보험-012	담보금액
보험담보상세	담보기간시작일자	보험-012	담보기간 시작일자
보험담보상세	담보기간종료일자	보험-012	담보기간 종료일자
보험특약상세	기관코드	보험-003	기관코드

TO-BE		AS-IS	
엔터티명	속성명	테이블한글명	컬럼한글명
보험특약상세	증권번호	보험-003	증권번호
보험특약상세	피보험자순번	보험-003	피보험자 순번
보험특약상세	특약명	보험-003	특약명
보험특약상세	특약상태코드	보험-003	특약의 상태 (코드)
보험특약상세	특약만기일자	보험-003	특약만기일자
보험특약상세	특약가입금액	보험-003	특약가입금액
보험특약상세	통화코드	보험-003	통화코드(특약가입금액)
보험특약상세	특약유형여부	보험-003	특약의 유형 (여부)
상품	상품번호		
상품	상품명		
상품	상품대분류코드		
상품	상품중분류코드		
상품	상품소분류코드		
수신거래	기관코드	은행-004	기관코드
수신거래	통합계좌번호	은행-004	계좌번호
수신거래	통화코드	은행-004	통화코드
수신거래	거래일시	은행-004	거래일시 또는 거래일자
수신거래	거래순번	은행-004	거래번호
수신거래	거래유형코드	은행-004	거래유형 (코드)
수신거래	거래구분명	은행-004	거래구분
수신거래	거래금액	은행-004	거래금액
수신거래	거래후잔액	은행-004	거래 후 잔액
수신거래	납입회차	은행-004	납입회차
수신거래	적요	은행-004	적요
수신계좌상세	기관코드	은행-002	기관코드
수신계좌상세	통합계좌번호	은행-002	계좌번호||회차번호
수신계좌상세	통화코드	은행-002	통화코드
수신계좌상세	저축방법코드	은행-002	저축방법
수신계좌상세	예금주명	은행-002	예금주명
수신계좌상세	계좌개설일자	은행-002	계좌개설일자
수신계좌상세	만기일자	은행-002	만기일
수신계좌상세	약정액	은행-002	약정액
수신계좌상세	월납입액	은행-002	월 납입액

TO-BE		AS-IS	
엔터티명	속성명	테이블한글명	컬럼한글명
수신계좌상세	현재잔액	은행-003	현재잔액
수신계좌상세	출금가능액	은행-003	출금 가능액
수신계좌상세	적용금리	은행-003	적용금리
수신계좌상세	최종납입회차	은행-003	최종납입회차
연금계좌상세	기관코드	금투-005	기관코드
연금계좌상세	통합계좌번호	금투-005	계좌번호
연금계좌상세	연금가입일자	금투-005	연금가입일
연금계좌상세	납부총액	금투-005	납부총액
연금계좌상세	기출금액	금투-005	기출금액
연금계좌상세	최종납입일자	금투-005	최종납입일
연금계좌상세	연금기수령액	금투-005	연금기수령액
자동차보험거래	기관코드	보험-007	기관코드
자동차보험거래	증권번호	보험-007	증권번호
자동차보험거래	차량번호	보험-007	차량번호
자동차보험거래	거래일시	보험-007	거래일시
자동차보험거래	거래순번	보험-007	거래번호
자동차보험거래	자동차보험보험료	보험-007	자동차보험 보험료
자동차보험거래	납입회차	보험-007	납입회차
자동차보험거래	실납입보험료	보험-007	실납입 보험료
자동차보험거래	수금방법코드	보험-007	수금방법 (코드)
자동차보험계좌상세	기관코드	보험-004	기관코드
자동차보험계좌상세	증권번호	보험-004	증권번호
자동차보험계좌상세	차량번호	보험-004	차량번호
자동차보험계좌상세	자동차보험구분코드	보험-004	자동차보험 구분 (코드)
자동차보험계좌상세	계약자차량명	보험-004	계약자 차량명
자동차보험계좌상세	보험적용시작일시	보험-004	보험시기
자동차보험계좌상세	보험적용종료일시	보험-004	보험종기
자동차보험계좌상세	연령특약명	보험-004	연령특약
자동차보험계좌상세	운전자한정특약명	보험-004	운전자한정특약
자동차보험계좌상세	자기차량손해여부	보험-004	자기차량손해 (여부)
자동차보험계좌상세	자기부담금구분코드	보험-004	자기부담금 구분 (코드)
자동차보험계좌상세	자기부담금금액	보험-004	자기부담금금액
통합계좌	기관코드	은행-001	기관코드

TO-BE		AS-IS	
엔터티명	속성명	테이블한글명	컬럼한글명
통합계좌	기관코드	할부금융-001	기관코드
통합계좌	기관코드	보험-001	기관코드
통합계좌	기관코드	보험-008	기관코드
통합계좌	기관코드	금투-001	기관코드
통합계좌	통합계좌번호	은행-001	계좌번호||회차번호
통합계좌	통합계좌번호	할부금융-001	계좌번호||회차번호
통합계좌	통합계좌번호	보험-001	증권번호
통합계좌	통합계좌번호	보험-008	계좌번호
통합계좌	통합계좌번호	금투-001	계좌번호
통합계좌	고객번호	은행-001	고객번호
통합계좌	고객번호	할부금융-001	고객번호
통합계좌	고객번호	보험-001	고객번호
통합계좌	고객번호	보험-008	고객번호
통합계좌	고객번호	금투-001	고객번호
통합계좌	계좌번호	은행-001	계좌번호
통합계좌	계좌번호	할부금융-001	계좌번호
통합계좌	계좌번호	보험-001	증권번호
통합계좌	계좌번호	보험-008	계좌번호
통합계좌	계좌번호	금투-001	계좌번호
통합계좌	회차번호	은행-001	회차번호
통합계좌	회차번호	할부금융-001	회차번호
통합계좌	최초고객생성일자	은행-001	고객정보최초생성일
통합계좌	최초고객생성일자	할부금융-001	최초고객DB생성일
통합계좌	전송요구여부	은행-001	전송요구여부
통합계좌	전송요구여부	할부금융-001	전송요구여부
통합계좌	전송요구여부	보험-001	전송요구여부
통합계좌	전송요구여부	보험-008	전송요구여부
통합계좌	전송요구여부	금투-001	전송요구여부
통합계좌	외화계좌여부	은행-001	외화계좌여부
통합계좌	상품코드	은행-001	상품명에서 상품코드로 변환
통합계좌	상품코드	할부금융-001	상품명에서 상품코드로 변환
통합계좌	상품코드	보험-001	상품명에서 상품코드로 변환
통합계좌	상품코드	보험-008	상품명에서 상품코드로 변환

TO-BE		AS-IS	
엔터티명	속성명	테이블한글명	컬럼한글명
통합계좌	상품코드	금투-001	계좌명에서 상품코드로 변환
통합계좌	마이너스약정여부	은행-001	마이너스약정여부
통합계좌	통합계좌구분코드	은행-001	계좌구분코드
통합계좌	통합계좌구분코드	할부금융-001	계좌구분코드
통합계좌	통합계좌구분코드	보험-001	보험종류구분코드
통합계좌	통합계좌구분코드	보험-008	계좌번호별구분코드
통합계좌	통합계좌구분코드	금투-001	계좌종류코드
통합계좌	통합계좌상태코드	은행-001	계좌상태코드
통합계좌	통합계좌상태코드	할부금융-001	계좌상태코드
통합계좌	통합계좌상태코드	보험-001	계약상태코드
통합계좌	통합계좌상태코드	보험-008	계좌번호별상태코드
통합계좌	세제혜택적용여부	금투-001	세제혜택적용여부
통합계좌	계좌계설일자	금투-001	계좌계설일
투자거래	기관코드	은행-007	기관코드
투자거래	기관코드	금투-003	기관코드
투자거래	통합계좌번호	은행-007	계좌번호||회차번호
투자거래	통합계좌번호	금투-003	계좌번호
투자거래	통화코드	은행-007	통화코드
투자거래	통화코드	금투-003	통화코드
투자거래	거래일시	은행-007	거래일시
투자거래	거래일시	금투-003	거래일시
투자거래	거래순번	은행-007	거래번호
투자거래	거래순번	금투-003	거래번호
투자거래	상품번호	금투-003	종목코드
투자거래	거래유형코드	은행-007	거래유형코드
투자거래	거래유형코드	금투-003	거래종류코드
투자거래	거래종류상세명	금투-003	거래종류상세명
투자거래	거래수량	은행-007	거래좌수
투자거래	거래수량	금투-003	거래수량
투자거래	거래단가	은행-007	기준가
투자거래	거래단가	금투-003	거래단가
투자거래	거래금액	은행-007	거래금액
투자거래	거래금액	금투-003	거래금액

TO-BE		AS-IS	
엔터티명	속성명	테이블한글명	컬럼한글명
투자거래	정산금액	금투-003	정산금액
투자거래	거래후잔액	은행-007	거래후잔고평가금액
투자거래	거래후잔액	금투-003	거래후잔액
투자거래	해외주식거래소코드	금투-003	해외주식거래소코드
투자계좌상세	기관코드	은행-005	기관코드
투자계좌상세	기관코드	은행-006	기관코드
투자계좌상세	기관코드	금투-002	기관코드
투자계좌상세	통합계좌번호	은행-005	계좌번호||회차번호
투자계좌상세	통합계좌번호	은행-006	계좌번호||회차번호
투자계좌상세	통합계좌번호	금투-002	계좌번호
투자계좌상세	통화코드	은행-006	통화코드
투자계좌상세	통화코드	금투-002	통화코드
투자계좌상세	잔액	은행-006	잔액
투자계좌상세	평가금액	은행-006	평가금액
투자계좌상세	투자원금	은행-006	투자원금
투자계좌상세	보유좌수	은행-006	보유좌수
투자계좌상세	표준펀코드	은행-005	표준펀코드
투자계좌상세	납입유형코드	은행-005	납입유형코드
투자계좌상세	만기일자	은행-005	만기일
투자계좌상세	개설일자	은행-005	개설일
투자계좌상세	기준일자	금투-002	기준일자
투자계좌상세	예수금	금투-002	예수금
투자계좌상세	신용융자금	금투-002	신용융자금
투자계좌상세	대출금	금투-002	대출금
투자계좌상품상세	기관코드	금투-004	기관코드
투자계좌상품상세	통합계좌번호	금투-004	계좌번호
투자계좌상품상세	상품번호	금투-004	상품코드(종목코드)
투자계좌상품상세	기준일자	금투-004	기준일자
투자계좌상품상세	상품종류코드	금투-004	상품종류 (코드)
투자계좌상품상세	상품종류상세명	금투-004	상품종류 상세
투자계좌상품상세	해외주식거래소코드	금투-004	해외주식 거래소 코드
투자계좌상품상세	파생상품포지션구분코드	금투-004	파생상품포지션구분(코드)
투자계좌상품상세	신용구분코드	금투-004	신용구분(코드)

TO-BE		AS-IS	
엔터티명	속성명	테이블한글명	컬럼한글명
투자계좌상품상세	세제혜택적용여부	금투-004	세제혜택 적용여부 (상품)
투자계좌상품상세	매입금액	금투-004	매입금액
투자계좌상품상세	보유수량	금투-004	보유수량
투자계좌상품상세	평가금액	금투-004	평가금액
투자계좌상품상세	통화코드	금투-004	통화코드
피보험자상세	기관코드	보험-002_2	기관코드
피보험자상세	증권번호	보험-002_2	증권번호
피보험자상세	피보험자순번	보험-002_2	피보험자 순번
피보험자상세	피보험자명	보험-002_2	피보험자명
피보험자상세	주피보험자여부	보험-002_2	주피보험자여부

참고 문헌

- 박종원, 『데이터 모델링 실전처럼 시작하기』 세나북스

세나북스 | 세상에 필요한 책을 만듭니다

데이터 모델링 실전처럼 시작하기
박종원 지음 | 232쪽 | 값 20,000원

데이터 모델링은 앞으로도 유망한 직종임에 틀림없고 그 가치를 더해 갈 것이다. 이 책은 데이터 모델링을 다수 수행하고 업무적으로 인정받는 전문가인 저자의 실전적 경험을 잘 녹여냈기에 많은 사람에게 좋은 참고와 길잡이 역할을 해줄 것이다. 데이터 모델링 회사에 들어가지 않아도, 종합적인 사고력을 갖춘 데이터 모델링 고수에게 직접 배우는 것 같은 경험을 안겨준다.

데이터 아키텍처 전문가가 되는 방법
최수진 지음 | 84쪽 | 값 10,000원

프로그래머에서 다음 커리어를 고민한다면 데이터 아키텍처 전문가에 도전해 보자! 데이터 아키텍처 전문회사인 엔코아컨설팅에서 8년간 재직하며 경험한 다양한 정보를 이 책 한 권에 담았다. 데이터 아키텍처 전문가가 되는 실제적이고 실천 가능한 방법을 제시하고 반드시 갖추어야 하는 역량도 자세하게 안내한다.

은하철도의 밤 - 손끝으로 채우는 일본어 필사 시리즈 1
미야자와 겐지 지음 | 오다윤 옮김 | 264쪽 | 값 13,800원

일본 최초의 SF 동화 작가이자 국민 작가인 미야자와 겐지의 작품을 직접 손으로 쓰며 한 장 한 장 일본어로 채워 보자. 만화가 마츠모토 레이지는 『은하철도의 밤』에서 모티브를 가져와 만화 〈은하철도 999〉를 탄생시켰고 일본 애니메이션의 거장 미야자키 하야오 감독은 가장 존경하는 작가로 미야자와 겐지를 꼽았다.

초보 프리랜서 번역가 일기
김민주 박현아 지음 | 228쪽 | 값 14,500원

초보 프리랜서 번역가가 베테랑 산업 번역가를 만났다! 베테랑 산업 번역가에게 1:1 맞춤 코칭을 받아보자. 스토리텔링으로 더욱 쉽고 생생하게! 프리랜서 번역가가 되기 '특별 수업'을 책 한 권으로! 실제로 번역가들이 어떤 문제로 고민하고 구체적으로 일과 번역 프로젝트를 어떻게 진행하는지를 간접 체험할 수 있도록 내용을 구성했다.

이젠 블로그로 책 쓰기다!
신은영 지음 | 292쪽 | 값 14,000원

1년 전만 해도 평범한 전업주부였던 저자는 어떻게 1년 만에 4권의 책을 쓰고 작가가 되었을까? 블로그 글쓰기가 답이다! 이 책은 매일 한 편씩 블로그에 글을 쓸 수 있는 구체적이고 실전적인 방법을 친절하고 자세하게 알려준다. 그저 오늘 딱 한편만! 누구나 매일 한 편씩 블로그에 글을 쓸 수만 있다면 그 글들로 책을 낼 수 있다.

데이터 모델링 실전으로 도약하기

데이터 전문가가 되는 방법

초판 1쇄 인쇄   2024년 1월 8일

초판 1쇄 발행   2024년 1월 15일

지 은 이   박종원

펴 낸 이   최수진

책 임 편 집   최수진

펴 낸 곳   세나북스

출 판 등 록   2015년 2월 10일 제300-2015-10호

주   소   서울시 종로구 통일로 18길 9

홈 페 이 지   http://blog.naver.com/banny74

이 메 일   banny74@naver.com

전 화 번 호   02-737-6290

팩   스   02-6442-5438

I S B N   979-11-982523-9-5 13500